APPLICATIONS NUMÉRIQUES DE LA NOUVELLE MÉTHODE DE CALCUL DES GRANDES CONSTRUCTIONS CONTINUES

PAR

AUGUSTE LIÉVIN

Ingénieur des Arts et Manufactures.

PARIS

LE CONSTRUCTEUR DE CIMENT ARMÉ

148, BOULEVARD MAGENTA, 148

1923

APPLICATIONS NUMÉRIQUES
DE LA NOUVELLE MÉTHODE DE CALCUL
DES
GRANDES CONSTRUCTIONS CONTINUES

PAR

Auguste LIÉVIN

Ingénieur des Arts et Manufactures.

PARIS

LE CONSTRUCTEUR DE CIMENT ARMÉ

148, BOULEVARD MAGENTA, 148

—

1923

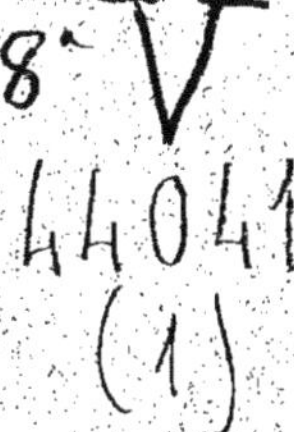

INTRODUCTION

Dans cette première série d'applications numériques de notre méthode de calcul des constructions, nous avons fait figurer des ouvrages simples tels que les portiques à deux appuis, ainsi que d'autres plus compliqués, c'est-à-dire ceux qui en ont un plus grand nombre.

Traitées par les méthodes usuelles, les études des premiers ne comportent guère de difficultés, et nous les avons examinés plutôt dans le but de familiariser le lecteur avec nos conceptions.

Pour ce qui est des ouvrages complexes, tels, par exemple, le portique à six appuis encastrés, on serait conduit pour un cas de charges donné, avec les manières de procéder habituelles, tout d'abord à de multiples intégrations et ensuite à résoudre un système de 15 équations à 15 inconnues ce qui est en l'espèce fastidieux, sinon impossible.

Dans la marche à suivre que nous donnons ne se présentent que des opérations vulgaires, la plupart vérifiables très simplement au cours des calculs par des constructions graphiques.

Le lecteur remarquera certainement que dans chaque application nous avons considéré les éléments de la construction étudiée comme ayant des moments d'inertie identiques, nous avons fait ce choix parce que l'existence de moments d'inertie différents n'ajoute aucune difficulté dans l'emploi de notre méthode et aussi parce que dans l'étude d'un projet de construction (dont on ne connaît pas d'analogue), il sera logique pour une recherche préliminaire des sections, d'admettre que tous les moments d'inertie de ses éléments sont égaux.

Ces sections préliminaires une fois trouvées, il conviendra de faire, à titre de vérifiation, une deuxième étude avec les moments d'inertie correspondants.

Si on remarque que les moments d'inertie des divers éléments d'une construction ont une influence sur les résultats obtenus, non d'après leurs valeurs absolues, mais par les rapports qu'ils ont entre eux, il sera souvent facile de faire choix des nouvelles sections satisfaisant tout à la fois aux conditions de résistance et aux rapports existant entre les moments d'inertie des sections préliminaires.

Nous serions très reconnaissants à nos lecteurs de bien vouloir nous signaler les erreurs de calculs qu'ils pourraient rencontrer dans les applications numériques que nous leur présentons dans cet ouvrage.

AUGUSTE LIÉVIN,
Ingénieur des Arts et Manufactures.

Paris, Septembre 1923.

APPLICATIONS NUMÉRIQUES DE LA NOUVELLE MÉTHODE DE CALCUL DES GRANDES CONSTRUCTIONS CONTINUES

A. — CONSTRUCTIONS A ÉLÉMENTS RECTILIGNES CHARGÉES SYMÉTRIQUEMENT

I. — *Cadre simple avec appuis encastrés.*

a) Soit un cadre simple 1, 2, 3, 4 (fig. 1) ayant ses deux appuis 1 et 4 encastrés, les éléments le composant étant tous de même matière, c'est-à-dire que le coefficient

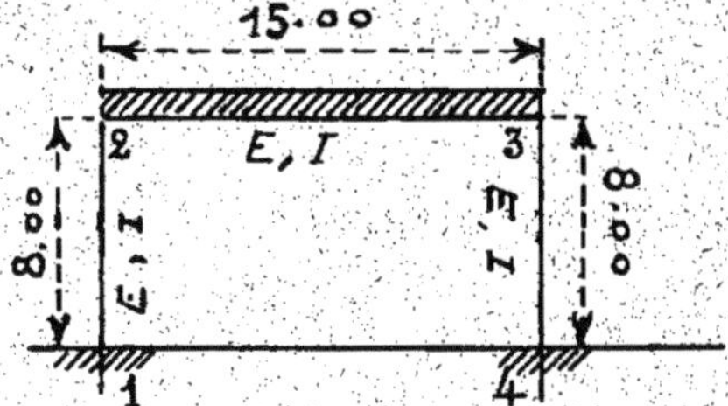

Fig. 1.

d'élasticité E est constant, pareillement les moments d'inertie I sont identiques dans les montants et la traverse. Les montants ayant une longueur de 8 mètres, la traverse 15 mètres, on se propose de calculer ce cadre, la traverse étant soumise à une charge continue de p kilogrammes par mètre courant.

Conformément à notre méthode, nous fixons les nœuds 2 et 3 par des broches fictives (voir introduction de la *Nouvelle méthode de calc. des grandes constr. continues*) et nous allons calculer les moments comme si nous avions à faire à une poutre continue.

Nous commençons par déterminer les foyers qui nous sont nécessaires F_1, F_2 et F'_2. Nous avons vu (1) au paragraphe 34, que le premier foyer d'une poutre encastrée est au 1/3 de la portée à partir du premier appui, nous avons donc :

$$U_1 = \frac{8}{3} = 2{,}667.$$

Ayant U_1, nous aurons facilement la position du foyer de gauche de la 2e travée, c'est-à-dire F_2.

Au dit paragraphe 34, nous avons établi la formule qui donne immédiatement U_2, connaissant V_1. Nous avons :

$$V_1 = 8 \text{ m.} - 2{,}667 = 5 \text{ m}, 333.$$

L'expression générale de

$$k_n = \frac{E_{n+1} I_{n+1} l_n}{E_n I_n l_{n+1}}$$

devient pour notre cas :

$$k_1 = \frac{E_l I_l h}{E_h I_h l},$$

mais par hypothèse

$$E_l = E_h, \quad I_l = I_h$$

donc

$$k_1 = \frac{h}{l} = \frac{8}{15} = 0{,}533.$$

L'ordonnée du foyer de gauche est donnée par :

$$U_2 = \frac{v_1 l}{3 v_1 (k_1 + 1) - h k_1} = \frac{5{,}333 \times 15}{3 \times 5{,}333 (0{,}533 + 1) - 8 \times 0{,}533} = 3{,}948$$

Ce simple calcul nous permet d'avoir immédiatement le moment sur l'appui de gauche 2, en appliquant la formule établie au paragraphe 37 :

$$M_{n-1} = -p \frac{U_n}{U'_n - U_n} \cdot \frac{l_n}{6} \left(2 U'_n - V'_n - \frac{l_n}{2} \right)$$

où

$$U_n = 3{,}948 \qquad U'_n = 15 - 3{,}948 = 11{,}052$$

$$U'_n - U_n = 11{,}052 - 3{,}948 = 7{,}104 \qquad l_n = 15$$

$$M_{n-1} = -p \times \frac{3{,}948}{7{,}104} \times \frac{15}{6} \times 10{,}656 = -14.805 \, p.$$

(1) *Nouvelle méthode de calcul des grandes constructions continues.*

Si la traverse horizontale reposait sur des appuis simples, on aurait le moment maximum qui est celui au milieu de la portée et qui aurait pour valeur :

$$\mu = \frac{pl^2}{8} = \frac{p \times 15^2}{8} = 28,125\,p.$$

Si nous traçons la parabole (fig. 2) ayant pour flèche 28,125 p, la traverse jouera le rôle de ligne de fermeture, tracée à l'aide des deux moments négatifs M_2 et M_3 égaux

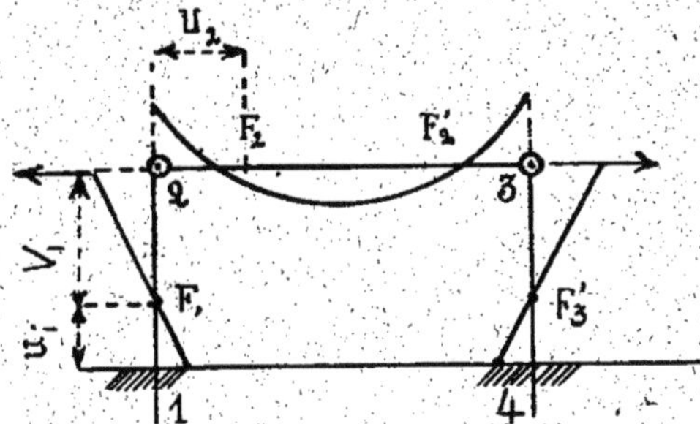

Fig. 2.

à 14.805 ($M_3 = M_2$, ce qui est évident d'après la symétrie des charges et de la figure considérée). Le moment au milieu de la portée, dans notre système, est donc :

$$M_A = 28,125\,p - 14,805\,p = 13,320\,p.$$

Les moments aux appuis seront :

$$\frac{14,805\,p}{2} = 7,402\,p,$$

car les lignes des moments passent par les premier et dernier foyers situés au 1/3 de la hauteur à partir des appuis.

La réaction à l'appui 1, qui ne sera autre que la poussée, aura pour valeur :

$$\frac{M_2 - M_1}{h} = \frac{-14,805\,p - 7,402\,p}{8} = -2,776\,p.$$

Les réactions des broches auront la même valeur, seulement affectée du signe +. En suivant notre méthode, nous devons noter les moments et réactions trouvées, rendre le cadre libre, lui enlever les charges auxquelles on l'a soumis et l'étudier sous l'action des forces appliquées au droit des broches fictives, ayant les mêmes directions et intensités que les réactions, mais de sens inverse. — Si nous procédons ainsi (fig. 3), nous voyons que le cadre restera immobile, car les forces qui agissent aux nœuds 2 et 4, étant de même intensité, sur une même direction mais de sens différents, se font équilibre et ont comme action unique celle de comprimer la fibre moyenne.

Nous avons donc ainsi tous les éléments nécessaires au calcul de ce cadre :

En 1 et 4, un moment positif d'encastrement $M = 7,402\,p$

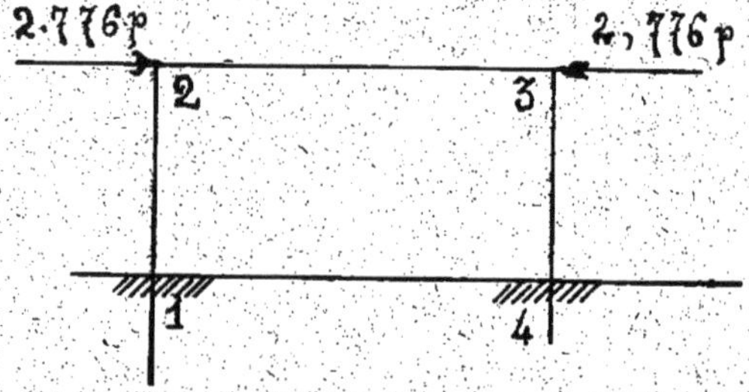

Fig. 3.

et une compression $R = 7,5\,p$ (qui est la moitié de la charge de la traverse horizontale).

En 2 et 3, dans les montants, un moment négatif $M = 14,805\,p$ et une compression $R = 7,5\,p$ comme précédemment.

Par contre, aux mêmes points 2 et 3, dans la traverse, nous avons les moments négatifs identiques $M = 14,805\,p$, mais une compression $Q = 2,776\,p$, plus faible que dans les montants.

Les efforts tranchants sont constants dans les montants et égaux à la poussée $T = 2,776\,p$ dans la traverse, ils sont représentés par une droite, ayant au point 2 une ordonnée égale à la 1/2 de la charge, c'est-à-dire $\frac{pl}{2} = 7,5\,p$, qui est l'effort tranchant maximum et qui passe par le milieu de la portée où il est nul.

Somme toute, dans ce qui précède, nous avons appliqué tout simplement le fameux théorème des trois moments dit de Clapeyron, il est vrai avec quelques simplifications par l'emploi de formules que nous avons établies une fois pour toutes, mais de cela il ne faut pas conclure que, pour un cadre simple encastré à ses deux appuis, il suffirait, pour résoudre tous les cas qui pourraient se présenter, d'appliquer ce théorème. — Le théorème de Clapeyron

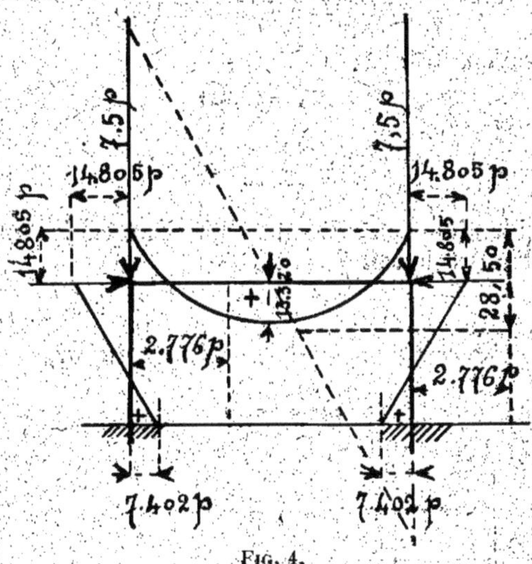

Fig. 4.

est applicable seulement quand les réactions des broches 2 et 3 dirigées suivant la traverse se font équilibre et *seulement* dans ce cas. Des forces placées dissymétriquement par rapport à l'axe du système ne peuvent donc pas être étudiées avec ce théorème, et là, notre méthode s'impose.

Enfin, cela est bien de présenter une nouvelle méthode de calcul, qui a la prétention d'être simple, encore faut-il que les résultats que l'on obtient avec elle soient identiques à celles plus compliquées.

Dans le numéro de février 1920 du *Constructeur de Ciment armé*, M. L. de Starezewski a exposé la méthode de « Muller-Breslau », et cet ingénieur l'a contrôlée par celle de Résal ; sa vérification a été faite en désignant par M_A le moment au milieu de la portée, et μ le moment de la traverse reposant sur appuis simples, et il a pris le cadre ayant les mêmes dimensions que celui que nous avons étudié.

Par ses deux méthodes il a obtenu :

$$M_A = 0,47\ \mu.$$

Nous avons vu que

$$\mu = \frac{pl^2}{8} = \frac{p \times 15^2}{8} = 28,125\,p$$

et nous avons trouvé :

$$M_A = 13,320$$

le rapport

$$\frac{M_A}{\mu} = \frac{13,320}{28,125} = 0,473$$

qui est identique aux résultats obtenus par les méthodes de Muller-Breslau et Résal.

II. — *Cadre simple avec appuis à rotules.*

a) Soit un cadre simple 1, 2, 3, 4 (fig. 5) ayant ses deux appuis 1 et 4 à rotules, les éléments le composant étant

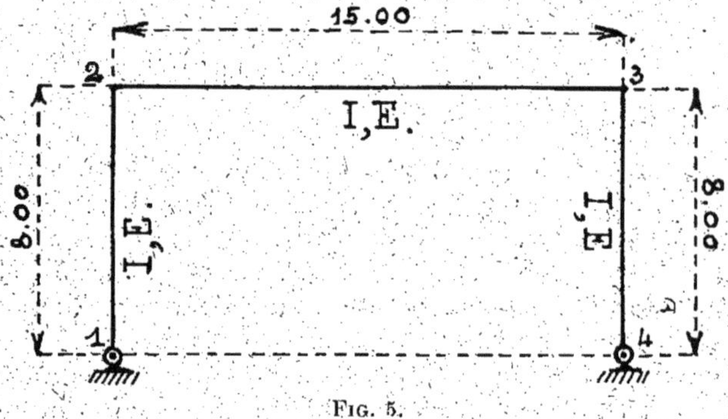

Fig. 5.

tous de même matière, c'est-à-dire que le coefficient d'élasticité est constant, pareillement les moments d'inertie sont identiques dans les montants et la traverse.

Les montants ayant une longueur de 8 m., la traverse 15 m., on se propose de calculer ce cadre, la traverse étant soumise à une charge continue de *p* kilogrammes par mètre courant.

Conformément à notre méthode nous fixons les nœuds 2 et 3 par des broches fictives, et nous allons calculer les moments comme si nous avions affaire à une poutre continue.

Nous aurons, pour ce cas seulement, à déterminer chacun des foyers F_2 et F'_2, mais comme la figure est symétrique, il suffira seulement de trouver F_2. Nous savons que le premier foyer de gauche d'une poutre continue dont le premier appui est simple, se confond avec cet appui; on a donc, d'après nos notations : $U_1 = 0$.

Avec la formule que nous avons établie au paragraphe 34 nous avons immédiatement U_2 déterminant F_2.

$$V_1 = 8\text{ m.} - 0 = 8\text{ m.}$$

L'expression générale de :

$$K_n = \frac{E_n + 1I_n + 1l_n}{E_nI_nl_n + 1}$$

devient pour notre cas :

$$K_1 = \frac{E_lI_h}{E_hI_l},$$

mais par hypothèse :

$$E_l = E_h,\ I_l = I_h,$$

d'où :

$$K_1 = \frac{h}{l} = \frac{8}{15} = 0{,}533.$$

L'ordonnée du foyer de gauche de la traverse est donnée par :

$$U_2 = \frac{V_1 l}{3V_1(K_1 + 1) - hK_1} = \frac{8 \times 15}{3 \times 8(0{,}533 + 1) - 8 \times 0{,}533}$$

$$= \frac{15}{3 \times 1{,}533 - 0{,}533} = 3\text{ m},689.$$

Ce simple calcul nous permet d'avoir immédiatement

le moment sur l'appui de gauche 2, en appliquant la formule établie au paragraphe 37.

$$M_{n-1} = -p \frac{U_n}{U'_n - U_n} \times \frac{l_n}{6}\left(2U'_n - V'_n - \frac{l_n}{2}\right)$$

$$U_n = 3{,}689 \quad U'_n = 15 - 3{,}689 = 11{,}311$$

$$U'_n - U_n = 11{,}311 - 3{,}689 = 7{,}622 \,;\; l_n = 15$$

$$M_2 = -p \times \frac{3{,}689}{7{,}622} \times \frac{15}{6} \times 11{,}433 = -13{,}834p.$$

Si la traverse reposait sur des appuis simples, on aurait le moment maximum qui est celui au milieu de la portée et qui aurait pour valeur :

$$m = \frac{pl^2}{8} = \frac{p \times 15^2}{8} = 28{,}125p.$$

Si nous traçons la parabole ayant pour flèche 28,125 p,

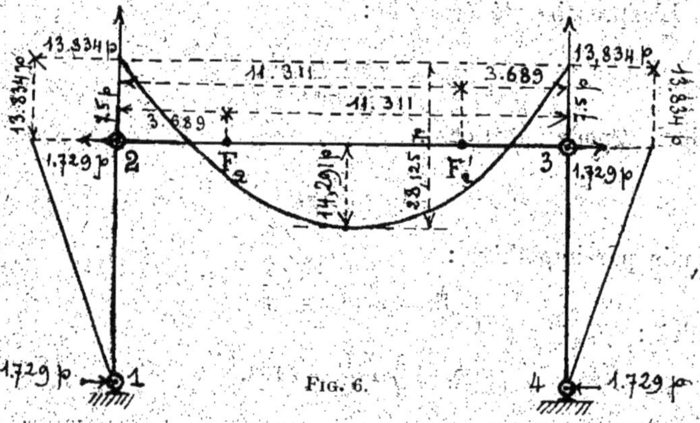

Fig. 6.

la traverse jouera le rôle de ligne de fermeture, tracée à l'aide de deux moments négatifs M_1 et M_2 respectivement égaux à 13,834 p (fig. 6).

Le moment positif au milieu de la travée est donc dans notre système.

$$M_A = 28{,}125\,p - 13{,}834\,p = 14{,}291\,p.$$

La réaction à l'appui 1 ne sera autre que la poussée et aura pour valeur :

$$\frac{M^2}{h} = -\frac{13,834\,p}{8} = -1,729\,p.$$

Les réactions des broches auront la même valeur mais seront seulement affectées d'un signe $+$. En suivant notre méthode nous devons noter les moments et réactions trouvées, rendre le cadre libre, lui enlever les charges auxquelles on l'a soumis et l'étudier sous l'action de

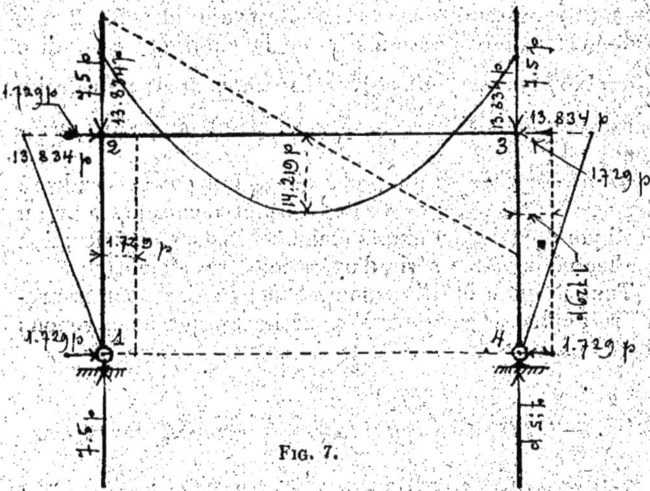

FIG. 7.

forces appliquées au droit des broches fictives, ayant les mêmes directions et intensités que les réactions mais de sens inverse.

Si nous procédons ainsi (fig. 7) nous voyons que le cadre restera immobile, car les forces qui agissent aux nœuds 2 et 4, étant de même intensité sur une même direction, mais de sens différent, se font équilibre et ont, comme action unique, celle de comprimer la fibre moyenne. Nous avons donc ainsi tous les éléments nécessaires au calcul de ce cadre.

En 1 et 4, moments nuls, une compression $R = 7,5\,p$

qui est la moitié de la charge de la traverse horizontale.

En 2 et 3, dans les montants, un moment négatif $M = -13,834\, p$, et une compression $R = 7,5\, p$ comme précédemment.

Par contre, aux mêmes points 2 et 3 dans la traverse nous avons les moments identiques $M = -13,834\, p$, mais une compression $Q = 1,729\, p$, plus faible que dans les montants.

Au milieu un moment positif $M_A = 14,291\, p$ et une compression $Q = 1,729\, p$.

Les efforts tranchants sont constants dans les montants et égaux à la poussée $T = -1,729\, p$; dans la traverse, ils sont représentés par une droite ayant au point 2 une ordonnée égale à la moitié de la charge, c'est-à-dire $\frac{pl}{2} = 7,5\, p$ qui est l'effort tranchant maximum; cette droite passe par le milieu de la portée, point où l'effort tranchant est nul.

Si on compare ce que nous avons fait pour ce cadre à deux rotules à ce qui a été exposé précédemment, pour un portique dont les montants étaient encastrés, on voit qu'on a effectué la même série d'opérations très simples.

Tout ce qui a été dit comme commentaire pour la première application reste vrai pour le cas que nous venons d'étudier.

III. — *Cadre simple à rotules et consoles de traverses.*

Soit un cadre simple à consoles 1, 2, 3, 4 (fig. 8) ayant ses deux appuis 1 et 4 à rotules, les éléments le composant étant tous de même matière, c'est-à-dire que le coefficient d'élasticité E est constant, pareillement les moments d'inertie I sont identiques dans les montants et la traverse. Les montants ayant une longueur de 8 mètres, la traverse 15 mètres, les consoles 4 mètres, on se propose de calculer le cadre, les consoles étant soumises à une charge continue de 70 kilogrammes par mètre courant.

Conformément à notre méthode, nous fixons les nœuds 2 et 3 par des broches fictives et, de cette manière, nous avons affaire au type de construction à *appuis fixes*.

Dans l'application précédente, nous avons trouvé pour le même cadre que les foyers F_2 et F'_2 étaient distants de 3 m. 689 des deux appuis voisins.

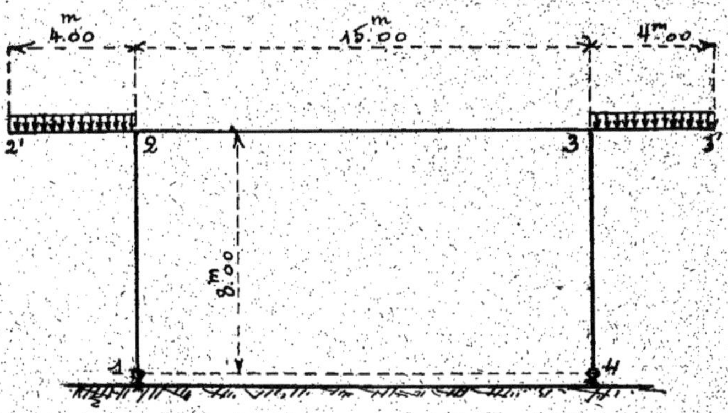

Fig. 8.

Nous aurons, au point 2, un moment incident :

$$\mu = -8p$$

et au point 3 :

$$\mu' = +8p.$$

Nous allons d'abord considérer l'action de μ au point 2 en suivant ce qui a été dit au paragraphe 45 de notre théorie générale, en appliquant la formule :

$$\frac{l_n(M_{n-1} + 2M_{nA})}{6E_n I_n} + \frac{l_{n+1}(2M_{nB} + M_{n+1})}{6E_{n+1} I_{n+1}} = 0$$

dans laquelle

$$E^n = E^{n+1} \quad , \quad I_n = I_{n+1}$$
$$l_n = 8 \text{ mètres} \quad , \quad l_{n+1} = 15 \text{ mètres},$$
$$M_{n-1} = M_1 = 0,$$

puisque le cadre est à rotule.

Par suite des propriétés des foyers, nous avons :

$$\frac{M_{n+1}}{M_{nB}} = -\frac{3,689}{11,311},$$

c'est-à-dire :

$$M_{n+1} = -0,326\, M_{nB},$$

En remplaçant tous les termes de l'équation précédente par ces valeurs, on a :

$$16\,M_{2A} + 25{,}11\,M_{2B} = 0 \qquad (1)$$

Mais les moments autour de la broche 2 se font équilibre et l'on a :

$$M_{2B} = M_{2A} + \mu,$$

c'est-à-dire :

$$M_{2B} = M_{2A} - 8\,p \qquad (2)$$

ce qui nous permet d'avoir :

$$M_{2A} = 4{,}885\,p \qquad M_{2B} = -3{,}115\,p$$

et

$$M_3 = 3{,}115 \times 0{,}326 = +1{,}015\,p.$$

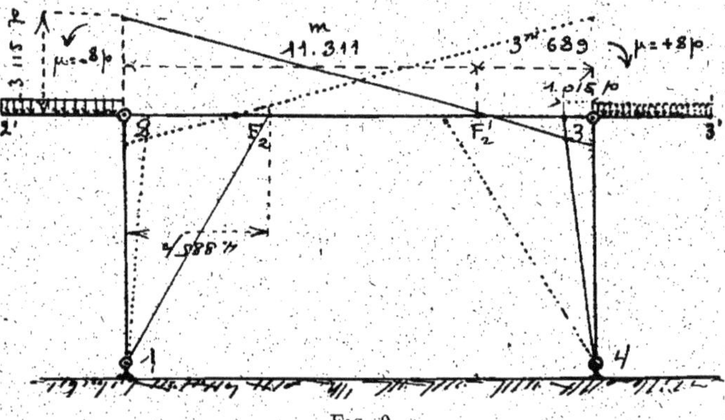

Fig. 9.

Nous aurions, pour la broche 3, à faire absolument les mêmes opérations, que nous ne recommençons pas, et la représentation graphique des moments serait symétrique (pointillé de la figure 9).

Pour avoir les moments que nous cherchons, nous n'avons qu'à faire l'addition algébrique de ceux trouvés précédemment, opération consignée dans la figure 10.

Nous obtenons ainsi :

$$M_{2A} = +4{,}885\,p + 1{,}015\,p = +5{,}900\,p$$
$$M_{2B} = -3{,}115\,p + 1{,}015\,p = -2{,}100\,p.$$

Et symétriquement :

$$M_{3A} = -2{,}100\,p \qquad M_{3B} = +5{,}900\,p.$$

Les poussées en 1 et 4 seront :

$$Q_1 = Q_4 = \frac{5,900\,p}{8} = 0,737\,p.$$

La réaction de la broche en 2 est une force dirigée vers 3 et qui a pour valeur 0,737 p ; la même réaction de la broche 3 est dirigée vers 2.

La broche 2 supporte une réaction verticale dirigée de bas en haut et ayant la valeur de la charge de la con-

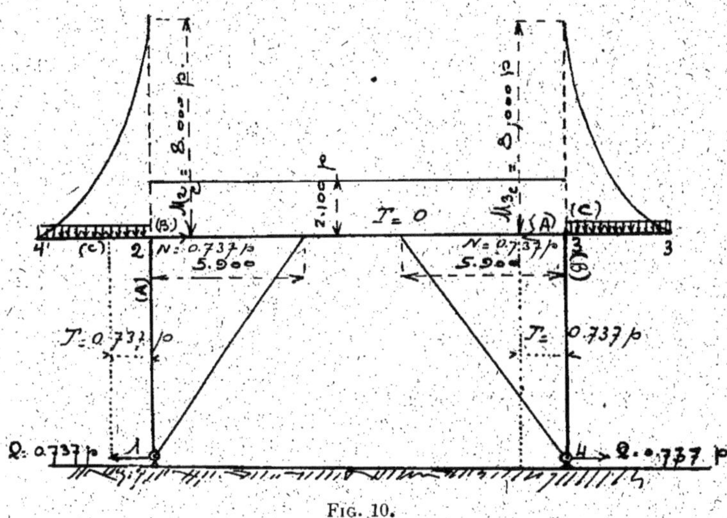

FIG. 10.

sole 2-2 : c'est-à-dire 4 p ; il en est de même pour la broche 3.

Supprimons les broches et appliquons aux nœuds, conformément à notre méthode, des forces de même intensité que les réactions, mais de sens contraire.

Nous aurons, conséquemment, la barre 2-3 qui sera tendue sous l'action des deux forces 0,737 p qui se font équilibre et les béquilles 1-2 et 3-4 seront comprimées sous l'action des forces d'intensité $4\,p$.

Les efforts tranchants seront pour le montant 1-2. $T = 0,737\,p$; pour la traverse 2-3, ils seront nuls (la traverse 2-3 aura un rayon de courbure constant) ; et pour le montant 3-4, $T = -0{,}737\,p$.

Pour calculer les sections, nous aurons donc, en 1, une compression de $4\,p$; en 2_A, un moment de flexion $M_{2A} = + 5{,}900\,p$ et une compression de $4\,p$; en $M_{2B} = -2{,}100\,p$ et une tension égale à $0{,}737\,p$; symétriquement pour 3_A, 3_B et 4. Les consoles seront calculées comme étant de type ordinaire, la section maximum aux appuis 2 et 3 étant données par :

$$\mu = -8p \quad \text{et} \quad \mu' = +8p.$$

Remarque I. — Si on avait pris une force isolée placée aux extrémités des consoles, le problème aurait été traité pareillement.

Remarque II. — Si les deux appuis 1 et 4 avaient été encastrés, le problème aurait été résolu aussi facilement, avec cette différence que M_1 aurait été égal à $\frac{M_{2A}}{2}$, au lieu d'être nul.

Remarque III. — Nous avons pris deux consoles chargées pareillement, de manière à ce que les forces agissant sur les broches 2 et 3, dans la direction de la traverse 2-3 se fassent équilibre, de façon que le système ne se déplace pas dans l'espace quand on a appliqué aux nœuds les forces égales à ces réactions, mais changées de sens.

Le cas d'une charge dissymétrique ou bien d'une console seule chargée ne peut être traité qu'en appliquant les propriétés *des foyers fixes* de déplacement que nous exposons dans notre traité au chapitre des constructions à appuis mobiles.

IV. — *Cadre simple avec appuis encastrés et 2 consoles de montants symétriques.*

Soit un cadre simple 1, 2, 3, 4 (fig. 11) ayant ses deux appuis 1 et 4 encastrés, les éléments le composant étant tous de même matière, c'est-à-dire que le coefficient d'élasticité E est constant, pareillement les moments d'inertie I sont identiques dans les montants et la traverse. Les montants ayant une longueur de 8 m., la traverse 15 m., on se propose de calculer ce cadre ; les deux montants 1-2, 3-4 étant respectivement pourvus, à une distance de 5 mètres à partir du sol, d'une console

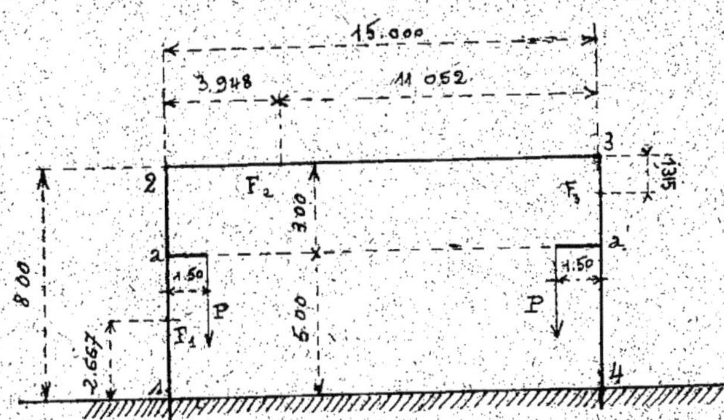

Fig. 11.

de 1 m. 50 de longueur, supportant un poids P à son extrémité.

Nous suivons toujours notre méthode générale, c'est-à-dire que nous rendons les nœuds 2 et 3 immobiles, mais leurs branches pouvant tourner librement autour de broches fictives ; nous avons donc affaire à une construction à appuis fixes.

Dans notre application I_1 nous avions un cadre identique et le premier foyer avait pour ordonnées $U_1 = 2$ m. 667, celle du foyer de gauche de la traverse était $U_2 = 3$ m. 948 que nous avons calculée à l'aide de la formule du paragraphe 34 de notre traité général et que nous allons appliquer encore une fois pour trouver U_3, du montant vertical 3-4.

$$U_3 = \frac{V_2 h}{3 V_2 (K_2 + 1) - l K_2}$$

où :

$$V_2 = 15{,}000 - 3{,}948 = 11{,}052$$

$$h = 8{,}000 \qquad l = 15{,}00$$

$$K_2 = \frac{l}{h} = \frac{15}{8} = 1{,}875$$

et enfin :

$$U_3 = \frac{11{,}052 \times 8{,}000}{3 \times 11{,}052 \times 2{,}875 - 15 \times 1{,}875} = 1{,}315$$

Nous allons considérer le moment $M = 1,5\,P$ de la traverse 1-2 appliqué en a, comme un couple incident entre deux appuis d'une partie continue, et nous emploierons les formules du paragraphe 41 de notre traité général et qui sont :

$$N_{n-1} = -\frac{M}{l^2_n}\,\frac{U_n}{U'_n - U_n}\left[(2\,U'_n - V'_n)(l_n - 2a) + a\,(3a - 2l_n)\right]$$

$$N_n = -\frac{M}{l^2_n}\,\frac{V'_n}{U'_n - U_n}\left[(2\,U_n - V_n)(l_n - 2a) + a\,(3a - 2\,l_n)\right]$$

où :

$$U_n = 2,667 \qquad V_n = 8 - 2,667 = 5,333$$
$$V'_n = 1,315 \qquad U'_n = 8 - 1,315 = 6,685$$
$$l_n = 8,00, \qquad a = 5,00$$
$$M = 1,5\,P.$$

En remplaçant les lettres par leurs valeurs numérique, nous trouvons pour notre cas :

$$N_1 = +\,0,453\,P$$
$$N_2 = +\,0,038\,P$$

Sur la figure 12, où nous avons représenté le graphique

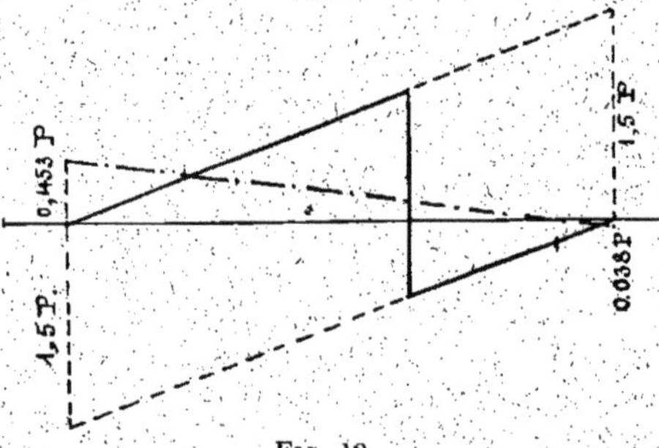

Fig. 12.

des moments provoqués par un couple incident 1,5 P, agissant à 5 m. de l'appui de gauche d'une poutre ordinaire ayant 8 m. de portée, si nous passons à notre première travée, nous aurons la ligne de fermeture obtenue en indiquant les 2 moments

$$N_1 = 0,453\,P \text{ et } N_2 = 0,038\,P$$

et finalement nous aurons le graphique de la figure 13.

Pour le montant 3-4 nous avons une même série d'opérations à faire, et les moments auront une représentation

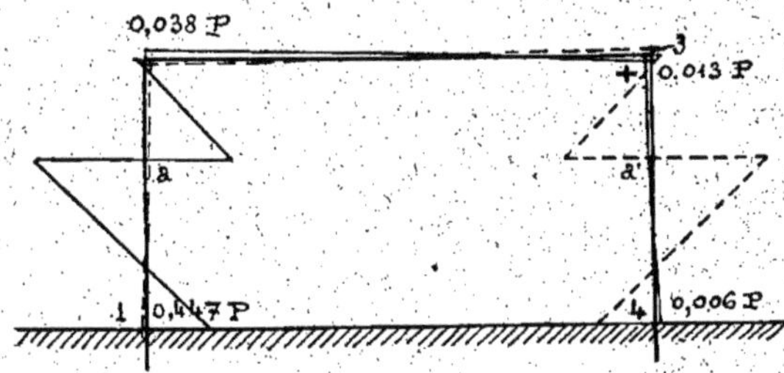

Fig. 13.

symétrique à la précédente (pointillé de la figure 13).

Nous avons :

$$N_3 = +0{,}038 \times \frac{3{,}948\ P}{11{,}052} = 0{,}013\ P$$

$$N_4 = -\frac{N_3}{2} = -0{,}006\ P.$$

En additionnant on a :

$$M_1 = N_1 + N'_1 = +0{,}447\ P$$
$$M_2 = N_2 + N'_2 = -0{,}025\ P$$
$$N_3 + N'_3 = -0{,}025\ P$$
$$N_4 + N'_4 = +0{,}447\ P$$

Pour avoir les réactions des appuis et les moments aux points où se trouvent attachées les consoles nous exprimons le moment en 2 de la façon suivante :

$$M_2 = M_1 + R_1 \times 8\,m + 1{,}5\ P$$

remplaçant M_1 et M_2 par les valeurs précédemment trouvées :

$$-0{,}025\ P = 0{,}447\ P + R_1 \times 8\,m + 1{,}5\ P$$

d'où :

$$R_1 = -0{,}2465\ P$$

Le moment en *a* est donc :

$$M = M_1 + R_1 \times 5 = 0.447\ P - 0{,}2465 \times 5 = -0.7855\ P$$
$$M'_A = 1{,}5\ P - 0{,}7855\ P = 0{,}7145\ P.$$

Pour calculer R_2, si on pose une équation comme pour avoir R_1, on retombe sur la même expression, donc la réaction R_2 de la broche est égale à la poussée R_1 et vaut : 0,2465 P.

Nous considérons maintenant le cadre rendu libre, les consoles déchargées, et soumis à l'action des forces agissant aux nœuds. Suivant la traverse 2-3, nous avons les forces R'_2 et R'_3 qui ont pour valeur 0,2465 P, qui la compriment.

Le cadre ne subit donc aucun déplacement dans l'espace,

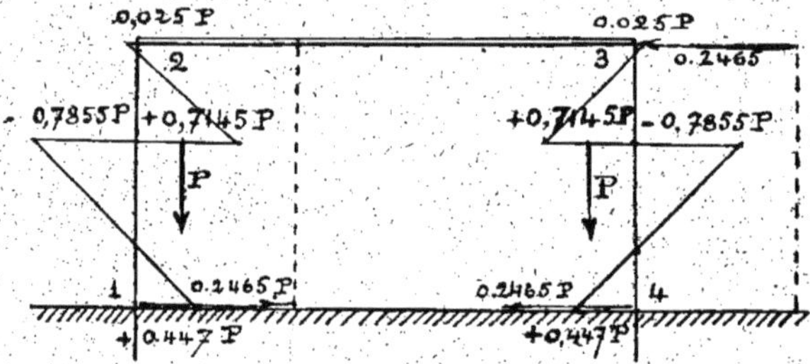

Fig. 14.

et nous n'aurons pas de moments à ajouter à ceux précédemment calculés.

Nous avons donc maintenant tout en mains pour calculer notre cadre.

En 1 moment positif : $M_1 = 0,447$ P.

Compression : $N = 1,5$ P.

Effort tranchant : $T = 0,2465$ P.

En a, et immédiatement au-dessous de ce point :

Moment négatif : $M_A = -0,7855$ P.

Compression : $N = 1,5$ P.

Effort tranchant : $T = 0,2465$ P.

En a immédiatemment au-dessús de ce point :

Moment positif : $M_A = +0,7145$ P.

Effort tranchant $T = 0,2465$ P. Ni compression, ni tension.

Au nœud 2, dans le montant vertical :

Moment négatif 0.025 P.

Effort tranchant $T = 0,2465$. Ni compression, ni tension.

Enfin, au même point dans la traverse :
Moment positif 0,025 P.
Compression N = 0,2465 P.
Pas d'effort tranchant.
Et pour le montant 3-4, des efforts disposés symétriquement à ceux trouvés pour le montant, 1-2.

CADRE DOUBLE SYMÉTRIQUE

V. — *Les trois appuis sont encastrés ; la traverse horizontale est soumise sur toute sa longueur à une charge uniformément répartie de* p *par mètre courant.*

Soit donc un cadre double symétrique 1, 2, 3, 4, 5, 6, dont les montants verticaux ont 4 mètres de longueur et les traverses 2-3 et 3-5 ont respectivement 7 m. (fig. 15).

Nous supposons que les moments d'inertie I et les coefficients d'élasticité E sont constants dans toute cette construction et nous nous proposons de calculer les efforts auxquels sont soumis ses éléments.

Nous commençons par considérer ce système comme étant à appuis fixes, c'est-à-dire que nous plaçons aux nœuds 2, 3 et 5 des broches fictives et nous calculons les foyers.

Dans le montant 1-2, le premier foyer de gauche F_1 est distant de l'appui 1 d'une longueur égale au tiers de la portée de la première travée, donc :

$$U_1 = \frac{4}{3} = 1{,}333$$

d'où :

$$V_1 = 4 - 1{,}333 = 2{,}667.$$

Le foyer $F_{2\text{-}3}$ sera calculé avec la formule suivante du paragraphe 34 :

$$U_{n+1} = \frac{V_n l_{n+1}}{3V_n(k_n + 1) - l_n k_n} ;$$

où :

$$k_n = \frac{E_{n+1} I_{n+1} l_n}{E_n I_n l_{n+1}} \quad ;$$

donc :

$$k_2 = \frac{4}{7} = 0,571$$

et :

$$U_{2\text{-}3} = \frac{2,667 \times 7}{3 \times 2,667 \times 1,571 - 4 \times 0,571} = 1 \text{ m. } 815.$$

Nous allons calculer maintenant le foyer $F_{3\text{-}5}$ à l'aide des formules du paragraphe 45 :

$$k_n = \frac{E_{n+1} I_{n+1} l_n}{E_n I_n l_{n+1}}$$

$$k_{n+1} = \frac{E_{n+2} I_{n+2} l_n}{E_n I_n l_{n+2}}$$

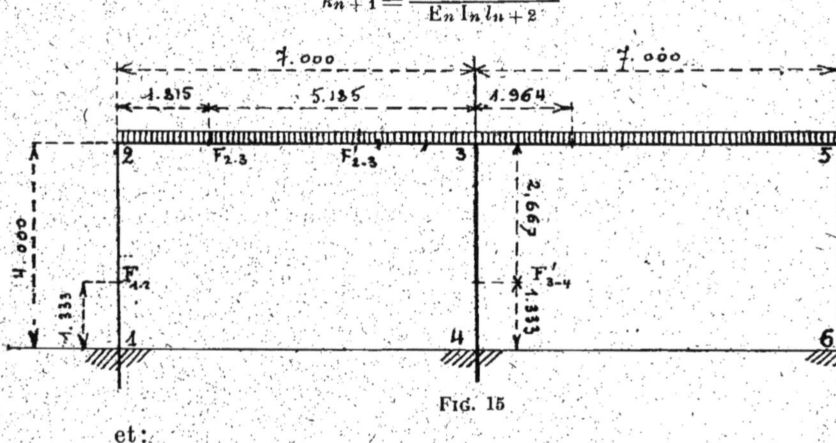

FIG. 15

et :

$$U_{n+1} = l_{n+1} \times \frac{k_{n+1}\left(3 - \frac{l_n}{V_n}\right) + 3 - \frac{l_{n+2}}{U'_{n+2}}}{3\,\text{numérat.} + k_n\left(3 - \frac{l_n}{V_n}\right)\left(3 - \frac{l_{n+2}}{U'_{n+2}}\right)}$$

Nous avons donc :

$$k_n = \frac{l_n}{l_{n+1}} = \frac{7}{7} = 1$$

$$k_{n+1} = \frac{l_n}{l_{n+2}} = \frac{7}{4} = 1,75.$$

Le numérateur de l'expression est donc :

$$V_n = 7 - 1,815 = 5,185$$

$$U'_{n+2} = 4 - 1,333 = 2,667$$

$$N = 1,75\left(3 - \frac{7}{5,185}\right) + 3 - \frac{4}{2,667}\Big) = 4,387.$$

Le deuxième membre du dénominateur est :

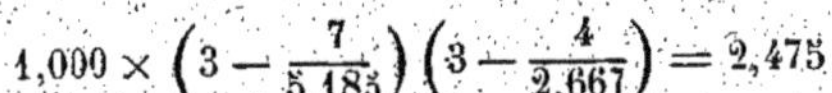

$$1{,}000 \times \left(3 - \frac{7}{5{,}185}\right)\left(3 - \frac{4}{2{,}667}\right) = 2{,}475$$

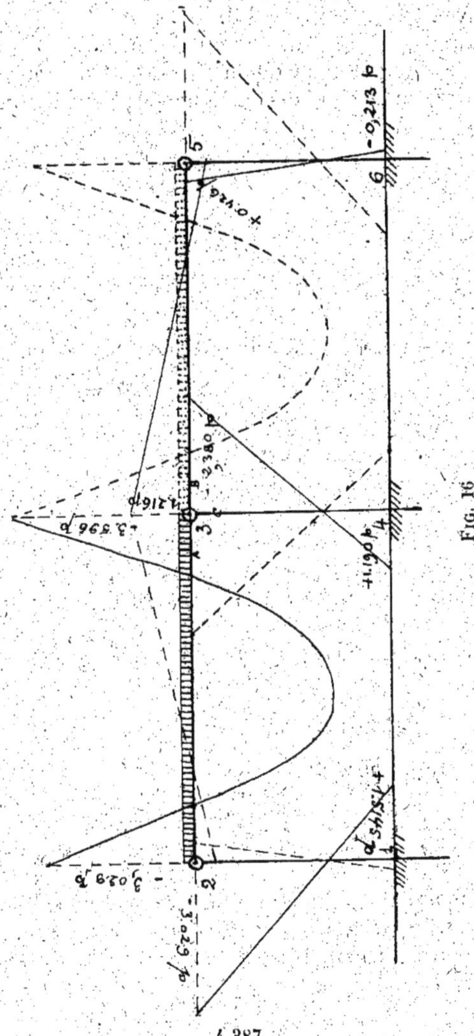

Fig. 16

d'où . $$V_{3\text{-}5} = 7 \times \frac{4{,}387}{3 \times 4{,}387 + 2.475} = 1 \text{ m. } 964.$$

Ces déterminations sont suffisantes pour le problème que nous nous sommes donné.

Considérons maintenant la charge continue p répartie sur la première traverse 2-3.

Connaissant les deux foyers F_{2-3} et F'_{2-3} (F'_{2-3} est symétrique de F_{3-5} que nous venons de calculer), nous appliquerons les formules du paragraphe 37 ; pour l'appui 2, nous aurons :

$$M_{n-1} = -p \frac{U_n}{U'_n - U_n} \frac{l_n}{6} \left(2\,U'_n - V'_n - \frac{l_n}{2}\right)$$

ou :

$$U_n = 1{,}815 \qquad U'_n = 7{,}000 - 1{,}964 = 5{,}036 \qquad V'_n = 1{,}964$$

$$M_2 = -p \times \frac{1{,}815}{5{,}036 - 1{,}815} \times \frac{7}{6} \times \left(2 \times 5{,}036 - 1{,}964 - \frac{7}{2}\right) = 3{,}029\,p$$

pour l'appui 3_A

Nous avons la formule du paragraphe 37 ou :

$$V_n = 7{,}000 - U_n = 7{,}000 - 1{,}815 = 5{,}185$$

$$M_{n+1} = -\frac{p\,V'_n}{U'_n - U_p} \times \frac{l_n}{6}\left(\frac{l_n}{2} + V_n - 2\,U_n\right)$$

$$M_{3A} = -p \times \frac{1{,}964}{5{,}036 - 1{,}815} \times \frac{7}{6}\left(\frac{7}{2} + 5{,}185 - 2 \times 1{,}815\right) = -3{,}596\,p$$

Il nous faut maintenant calculer M_{3B} et M_{3C}, et, pour ce faire, nous emploierons les formules établies au paragraphe 49 pour la figure 67 de notre traité, nous avons :

$$V'_b = 1{,}815 \qquad U'_b = 5{,}185$$
$$V'_c = 1{,}333 \qquad U'_c = 2{,}667$$

donc :

$$\alpha'_b = \frac{1{,}815}{5{,}185} \qquad \alpha'_c = \frac{1{,}333}{2{,}667}$$

Nous avons posé :

$$\rho = \frac{l_c E_b I_b}{l_b E_c I_c} \times \frac{2 - \alpha'_c}{2 - \alpha'_b}$$

$$l_c = 4{,}000 \text{ m.} ; \qquad l_b = 7{,}000 \text{ m.}$$

Les moments d'inertie étant, par hypothèse, égaux entre eux, ainsi que les coefficients d'élasticité, nous obtenons pour ρ la valeur :

$$\rho = \frac{4}{7} \times \frac{2 - \dfrac{1{,}333}{2{,}667}}{2 - \dfrac{1{,}815}{5{,}185}} = 0{,}519$$

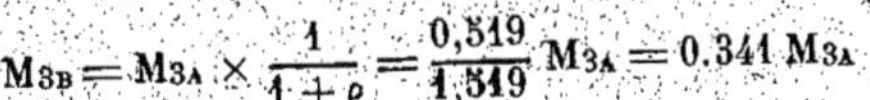

$$M_{3B} = M_{3A} \times \frac{1}{1+\rho} = \frac{0{,}519}{1{,}519} M_{3A} = 0.341\, M_{3A}$$

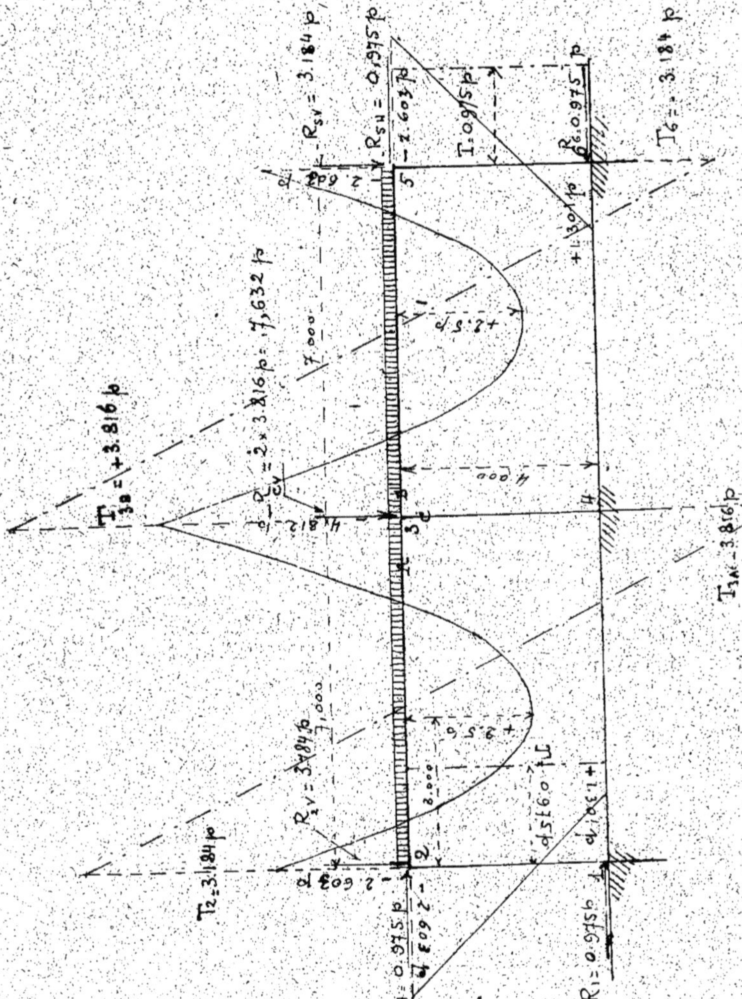

FIG. 17.

$$M_{3C} = M_{3A} - M_{3B} = M_{3A} - 0{,}341\, M_{3A} = 0{,}659\, M_{3A}.$$

Donc .

$$M_{3B} = -0,341 \times 3,596\,p = -1,216\,p$$

et

$$M_{3C} = -3,596\,p + 1,216\,p = 2,380\,p$$

Ayant les deux moments M_2 et M_{3A}, nous pouvons tracer l'épure des moments à l'aide de la parabole ayant comme flèche :

$$\frac{pl^2}{8} = \frac{p \times 7^2}{8} = 6,125\,p$$

Connaissant M_{3C}, nous avons M_4 à l'aide du foyer :

$$M_4 = -\frac{M_{3C}}{2} = +\frac{2,380\,p}{2} = +1,190\,p.$$

Pour M_5 pareillement :

$$M_5 = -M_{3B} \times \frac{1,815\,p}{5,185} = \frac{1,216 \times 1,815\,p}{5,185} = 0,426\,p$$

et

$$M_6 = -\frac{M_5}{2} = -\frac{0.426}{2} = +0,213\,p.$$

En faisant le même calcul pour la traverse 3-5, nous obtiendrions des résultats identiques, mais symétriques par rapport au montant 3-4 et c'est ce que nous avons représenté en pointillé sur la figure 16.

Il nous reste à additionner algébriquement les deux résultats obtenus pour chacune des deux traverses et nous obtenons ainsi pour :

$$M_1 = +1,514\,p - 0,213 = +1,301\,p$$
$$M_2 = -3,029\,p + 0,426\,p = -2,603\,p$$
$$M_{3A} = -3,596 - 1,216 = -4,812\,p$$
$$M_{3B} = M_{3A} = -4,812\,p$$

Quant à M_{3C}, les deux moments trouvés donnent une somme nulle, et conséquemment : $M_4 = 0$; $M_5 = M_2$; $M_6 = M_1$ par raison de symétrie.

Les réactions des appuis 1 et 6 ont donc pour valeurs :

$$R_1 = R_6 = -\frac{2,603\,p + 1,301\,p}{4} = -0,975\,p$$

Celles des broches en 2 et 5 sont positives et ont mêmes valeurs numériques que R_1.

Les réactions verticales en 2 et 5 sont :

$$R_2 = \frac{p \times 7}{2} - \frac{4,812\,p + 2,603\,p}{4} = 3,184\,p.$$

Tandis que :

$$R_{3A} = \frac{p \times 7}{2} + \frac{4,182\,p + 2,603\,p}{4} = 3,816\,p$$

$R_{3B} = R_{3A}$, la réaction de l'appui 3 est la somme de ces deux-là, donc :

$$R_3 = 2 \times 3,816\,p = 7,632\,p.$$

Nous pouvons maintenant passer du système à appuis fixes au système à appuis mobiles.

Nous voyons que par suite de la symétrie de la construction et des efforts auxquels elle est soumise :

Les réactions changées de signes, appliquées en 2 et 5, suivant la traverse horizontale se font équilibre et auront comme rôle de comprimer celle-ci.

Nous n'avons donc pas encore, dans cet exemple numérique, à nous préoccuper des principes des foyers fixes et des forces équivalentes et nous avons tous les éléments pour calculer les sections.

A l'appui 1, moment positif $M_1 = +1,301\,p$, effort tranchant $T_1 = 0,975\,p$; compression $N = 2,603\,p$.

Au nœud 2, dans le montant 1-2 :

Moment négatif $M_2 = -2,603\,p$.

Effort tranchant $T = 0,975\,p$.

Compression $N = 2,603\,p$.

Au nœud 2, dans la traverse :

Moment négatif $M_2 = 2,603\,p$.

Effort tranchant $T_2 = 3,184\,p$.

Compression $N = 0,975\,p$.

A 3 mètres environ du nœud 2 :

Moment positif maximum dans la traverse $M_{2\text{-}3} = +2,5\,p$ (mesuré sur le graphique).

Effort tranchant $t = 0,250\,p$ (mesuré sur le graphique).

Compression $N = 0,975\,p$.

Au nœud 3, sur la traverse 2-3 :

Moment négatif $M_{3A} = -4,182\,p$.

Effort tranchant $T_{3A} = -3,816\,p$.

Compression $N = 0,975\,p$.

Au nœud 3, sur la traverse 3-5, mêmes efforts.

Enfin, au nœud 3, sur le montant 3-4, pas de moment de flexion ni d'effort tranchant, mais une compression $N = 7,632\,p$.

De même au point 4 et sur toute la longueur du montant 3-4.

Les efforts que nous avons indiqués pour 1 et 2 se répètent symétriquement pour 5 et 6.

CADRE TRIPLE SYMÉTRIQUE

VI. — *Les quatre appuis sont à rotules, la traverse horizontale est soumise sur toute sa longueur à une charge uniformément répartie par mètre courant.*

Soit donc un cadre triple symétrique 1, 2, 3, 4, 5, 6, 7, 8, dont les montants verticaux ont 4 mètres de longueur et les traverses 2-3, 3-5, 5-7 ont respectivement 7 m. (fig. 18).

Nous supposons que les moments d'inertie et les coefficients d'élasticité E sont constants dans toute la construction et nous nous proposons de calculer les efforts auxquels sont soumis ses éléments.

Nous commençons par considérer ce système comme étant à appuis fixes, c'est-à-dire que nous plaçons aux nœuds 2, 3, 5, 7 des broches fictives et nous calculons les foyers.

Dans le montant 1-2, le premier foyer se confond avec l'appui 1, $U_1 = o$ et conséquemment $V_1 = 4$ m.

Le foyer $F_{2\text{-}3}$ sera calculé avec la formule suivante du paragraphe 34 :

$$U_{n+1} = \frac{V_n l_{n+1}}{3\,V_n\,(K\ \ + 1) - l_n K_n}$$

Où :

$$K_n = \frac{E_{n+1} I_{n+1} l_n^{\,n}}{E_n I_n l_{n+1}}$$

Donc :

$$K_2 = \frac{4}{7} = 0,571$$

et

$$U_{2-3} = \frac{4 \times 7}{3 \times 4 \times 1,571 - 4 \times 0,571} = 1,690.$$

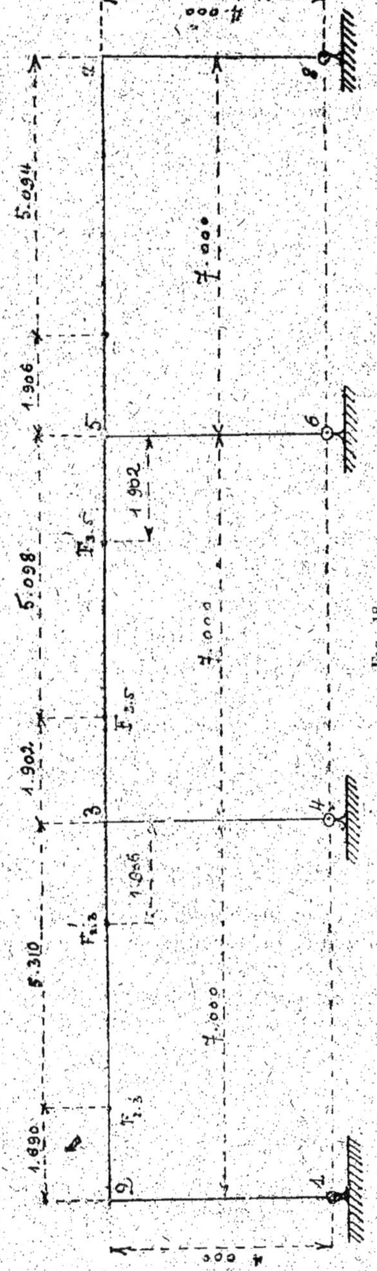

FIG. 18.

Nous allons calculer maintenant le foyer $F_{3\text{-}5}$ à l'aide des formules du paragraphe 45.

$$K_n = \frac{E_{n+1} I_{n+1} l_n}{E_n I_n l_{n+1}}$$

et :

$$K_{n+1} = \frac{E_{n+2} I_{n+2} l_n}{E_n I_n l_{n+2}}$$

$$U_{n+1} = l_{n+1} \times \frac{K_{n+1}\left(3 - \frac{l_n}{V_n}\right) + 3 - \frac{l_{n+2}}{U'_{n+2}}}{3\text{nume ra} \quad - {}_n\left(3 - \frac{l_n}{V_n}\right)\left(3 - \frac{l_{n+}}{U'_{2+n}}\right)}$$

Nous avons donc :

$$K_n = \frac{l_n}{l_{n+1}} = \frac{7}{7} = 1.$$

$$K_{n+1} = \frac{l_n}{l_{n+2}} = \frac{7}{4} = 1{,}75.$$

Le foyer voisin de l'appui 4 se confond avec ce dernier qui est simple, on a donc :

$$V_n = 7 - 1{,}690 = 5{,}310$$

$$U'_{n+1} = 4{,}000.$$

$$N = 1{,}75\left(3 - \frac{7}{5{,}310}\right) + 3 - \frac{4}{4} = 4{,}945$$

et le deuxième membre du dénominateur est :

$$1.000\left(3 - \frac{7}{5{,}310}\right)\left(3 - \frac{4}{4}\right) = 3{,}366$$

D'où :

$$U_{3-5} = 7 \times \frac{4{,}945}{3 \times 4{,}945 + 3{,}366} = 1{,}902.$$

Nous ferons la même suite d'opérations pour calculer $U_{5\text{-}7}$, en appliquant la formule ci-dessus provenant du paragraphe 45.

Les expressions pour cette dernière deviennent dans ce cas :

$$V_n = 7 - 1{,}902 = 5{,}098$$

$$U'_{n+2} = 4{,}000$$

et :

$$K_n = \frac{7}{7} = 1 \qquad K_{n+1} = \frac{7}{4} = 1{,}75.$$

$$N = 1{,}75\left(3 - \frac{7}{5{,}098}\right) + 3 - \frac{4}{5} = 4{,}847.$$

Le deuxième membre du dénominateur est :

$$1.000\left(3-\frac{7}{5,098}\right)\left(3-\frac{4}{4}\right)=3,254$$

d'où :

$$U_{5-7}=7\times\frac{4,847}{3\times 4,847+3,254}=1,906.$$

Ces calculs préliminaires vont nous permettre d'obtenir les moments aux différents nœuds dans les cas d'une charge donnée sur une des travées extrêmes (les nœuds étant munis de leurs broches fictives) et ensuite sur celle du milieu.

Pour la première travée, nous avons :

$$U_n=1,690 \qquad V_n=5,310$$
$$U'_n=5,094 \qquad V'_n=1,906.$$

En appliquant la formule :

$$M_{n-1}=-p\frac{U_n}{U'_n-U_n}\cdot\frac{l_n}{6}\left(2\,U'_n-V'_n-\frac{l_n}{2}\right)$$

du paragraphe 37, pour l'appui 2, nous avons :

$$M_2=-p\frac{1,690}{5,094-1,690}\times\frac{7}{6}\left(2\times 5,094-1,906-\frac{7}{2}\right)=2,769\,p.$$

et pour l'appui 3 :

$$M_{n+1}=-p\frac{V'_n}{U'_n-U_n}\times\frac{l_n}{6}\left(\frac{l_n}{2}+V_n-2\,U_n\right),$$

$$M_{3A}=-p\times\frac{1,906}{5,094-1,690}\times\frac{7}{6}\left(\frac{7}{2}+5,310-2\times 1,690\right)=$$
$$=-3,547\,p.$$

En appliquant maintenant ce qui est exposé au paragraphe 49 : 1° à propos de la répartition des moments autour d'un nœud à trois branches, nous avons :

$$\alpha'_b=\frac{V'_b}{U'_b}=\frac{1,902}{5,098}$$

$$\alpha'_c-\frac{V'_c}{U'_c}=\frac{0}{4,000}=0.$$

$$_{b}=\frac{4}{7}\times\frac{2-\alpha'_c}{2-\alpha'_c}=0,702.$$

d'où nous tirons :

$$M_{3B} = M_{3A} \times \frac{\rho}{\rho + 1} = 0,412\ M_{3A},$$

et :

$$M_{3C} = 0,588\ M_{3A}.$$

Remplaçant M_{3A} en fonction de p, précédemment calculée :

$$M_{3B} = 0,412 \times 3,547\, p = -1,461\, p.$$
$$M_{3C} = 0,588 \times 3,547\, p = -2,086\, p.$$

et :

$$M_{5A} = -M_{3B} \times \frac{1,902}{5,098} = + \frac{1,461 \times 1,902}{5,098} = 0,545\, p.$$

Nous répartissons M_{5A} autour du nœud 5, comme nous l'avons fait pour M_{3A}, en suivant la même méthode :

$$\alpha'_b = \frac{1,690}{5,310}$$
$$\alpha'_c = 0.$$
$$\rho = \frac{4}{7} \times \frac{2 - \alpha'_c}{2 - \alpha'_b} = 0,679$$

et :

$$M_{5B} = \frac{\rho}{1 + \rho} M_{5A} = \frac{0,679}{1,679} M_{5A} = 0,404\ M_{5A}$$
$$M_{5B} = 0,404 \times 0,545\, p = 0,220\, p$$
$$M_{5C} = 0,545\, p - 0,220\, p = 0,325\, p$$

et enfin :

$$M_7 = -\frac{0,220 \times 1,690}{5,310}\, p = -0,070\, p.$$

Le dessin n° 19 donne le graphique des moments provoqués par la charge p, uniformément répartie sur la première travée ainsi que sur la troisième où il est représenté en pointillé.

Si nous considérons l'ensemble de ces deux charges, les réactions des broches changées de sens se faisant équilibre, nous pouvons les supprimer, et nous obtenons ainsi (fig. 20), les graphiques des moments et efforts tranchants pour ce cas particulier.

Nous allons calculer maintenant les moments relatifs à la travée médiane.

Les moments M_{3B} et M_{5A} sont donnés à l'aide de la formule connue, que nous avons employée précédemment :

$$M_{n-1} = -p \frac{U_n}{U'_n - U_n} \cdot \frac{l_n}{6} \left(2U'_n - V'_n - \frac{l}{2} \right)$$

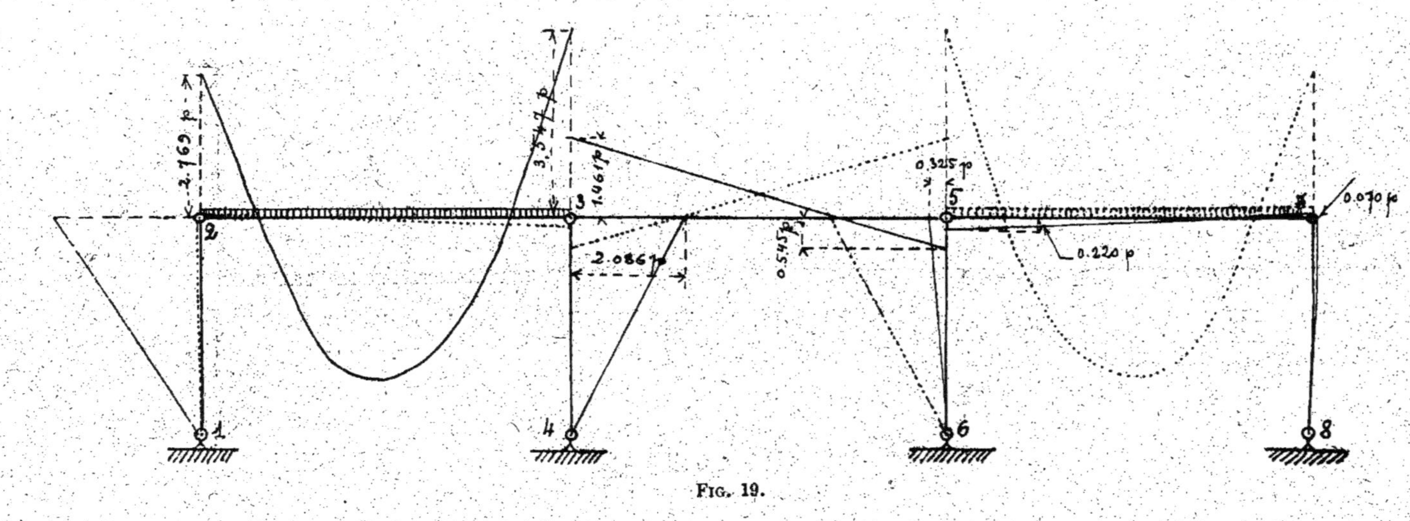

FIG. 19.

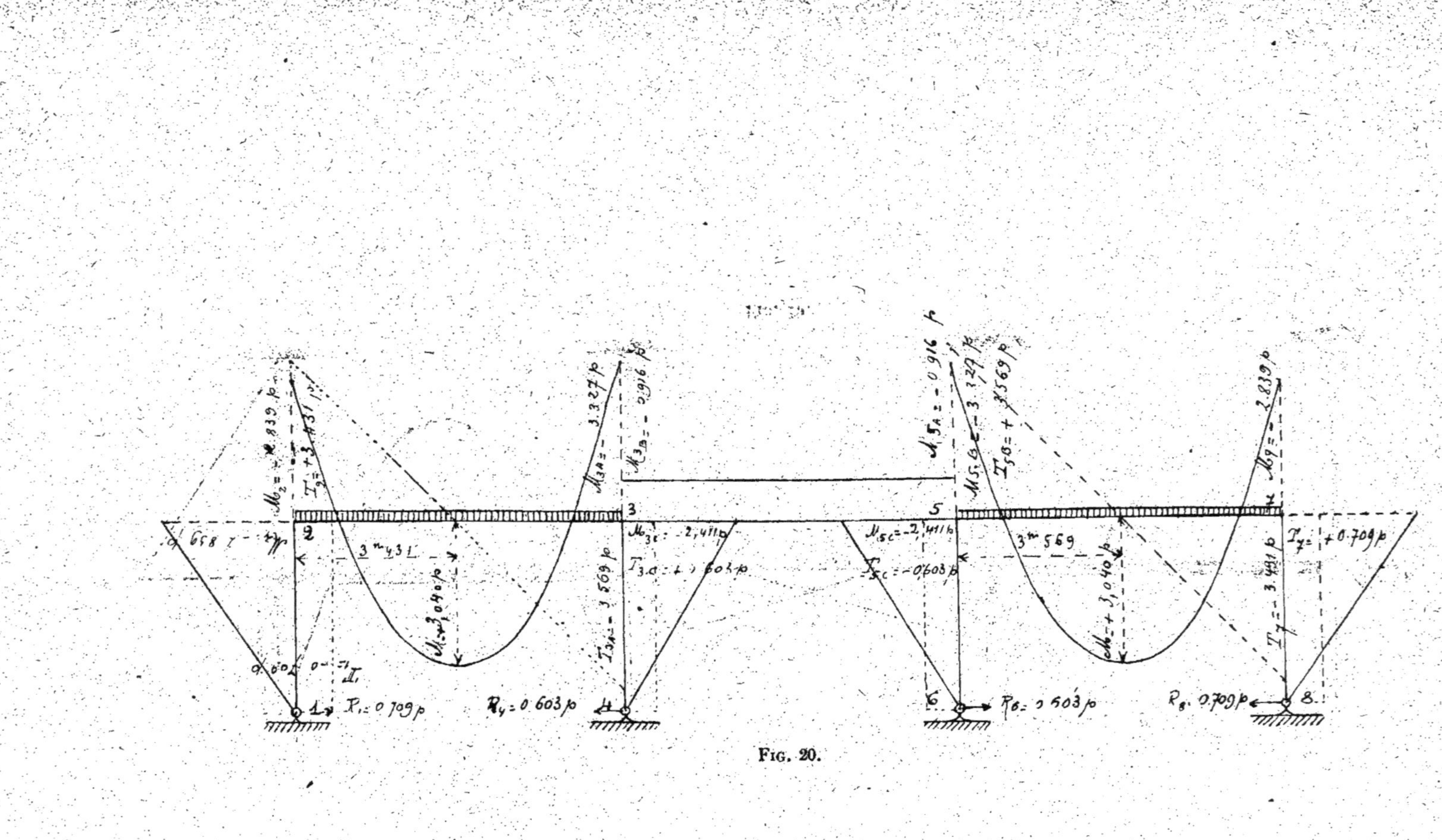

FIG. 20.

Où :

$$U_n = 1,902 \qquad V_n = 5,098$$
$$U'_n = 5,098 \qquad V'_n = 1,902$$

$$M = -p \frac{1,902}{5,098 - 1,902} \cdot \frac{7}{6} (2 \times 5,098 - 1,902 - 3,5) = -3,328\ p.$$

En nous servant des facteurs obtenus précédemment dans le calcul des répartitions autour des nœuds à trois branches 3 et 5, nous avons :

$$M_{5B} = -3,328 \times 0,404 = -1,344\ p$$
$$M_{5C} = -3,328 - 1,344 = -1,984\ p$$

et :

$$M_7 = +\frac{1,344}{5,310} \times 1,690\ p = +0,427\ p.$$

Et symétriquement :

$$M_{3B} = -3,328\ p$$
$$M_{3A} = -1,344\ p$$
$$M_{3C} = +1,984\ p$$

et :

$$M_2 = +0,427\ p.$$

Ce que nous représentons dans la figure 21, où nous retirons aussi les broches fictives, car les réactions changées de sens se font équilibre.

Nous faisons remarquer, comme nous l'avons indiqué dans le traité général que les lectures des moments et efforts tranchants se font en parcourant ces figures de la façon suivante : 1-2, 2-3, 3-4, 3-5, 5-6, 5-7, 7-8.

Avec les deux graphiques des figures 20 et 21, nous pouvons, outre le cas que nous nous sommes imposé, traiter celui où p serait le poids unitaire réparti uniformément sur les travées extrêmes, mais où q pourrait être celui agissant sur la travée médiane. Il n'y aurait qu'à ajouter les deux résultats obtenus.

Faisons-le en supposant que toute la traverse est soumise à p ; nous obtenons ainsi la figure 22, qui est le résultat de l'addition des figures 20 et 21.

Nous avons ainsi sur le poteau 1-2 en 1 une compression égale à 3,177 p, un effort tranchant de 0,603 p ; en 2, une compression de 3,178 p ; un moment de flexion négatif de 2,412 p et un effort tranchant de 0,603 p.

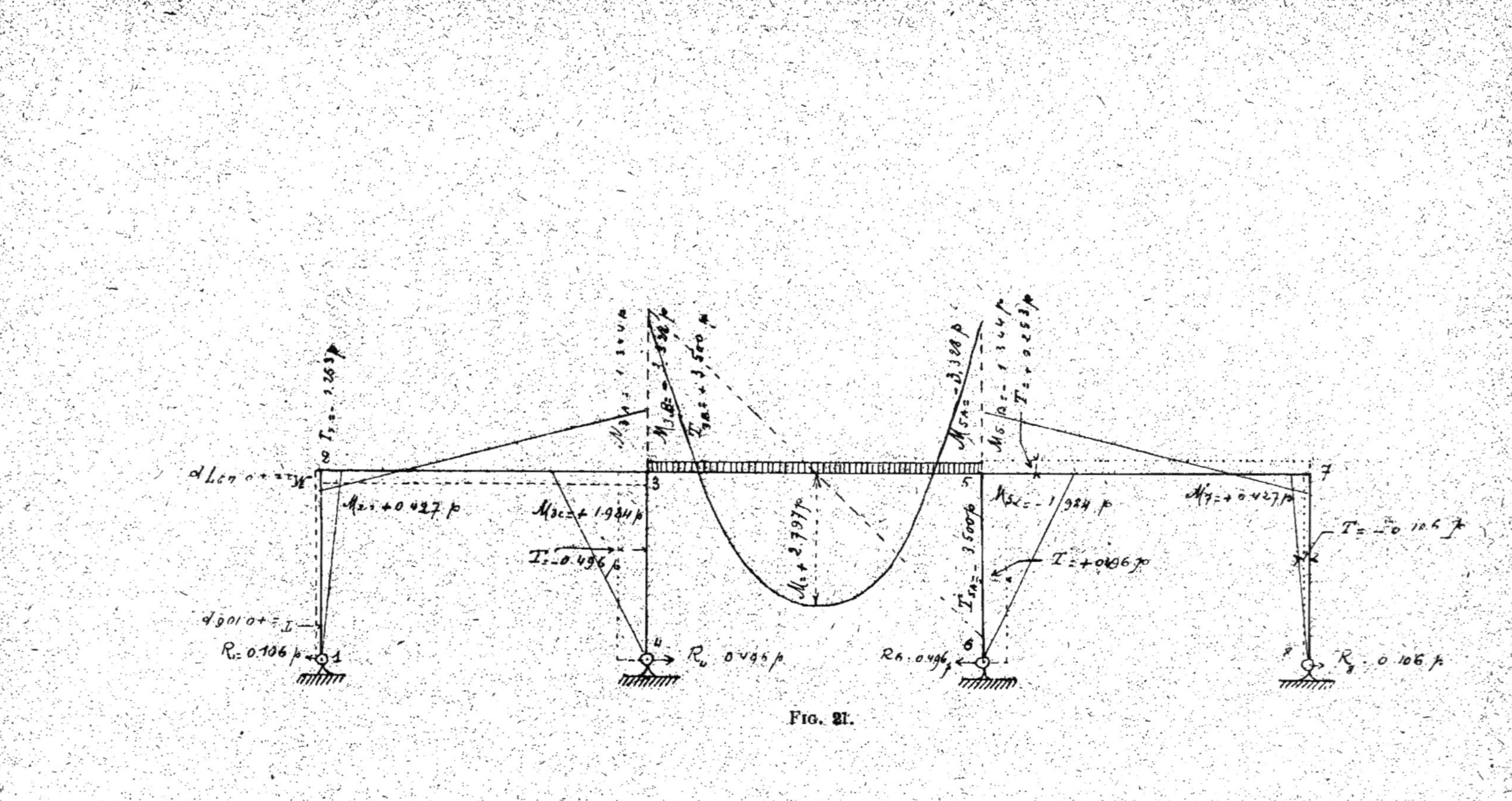

M2 = +0.427 p
M3c = +1.984 p
T = -0.496 p
M = +2.797 p
-3.328 p
T5A = -3.500 p
M5c = -1.984 p
T = +0.496 p
M7 = +0.427 p
T = -0.106 p
R1 = 0.106 p
R4 0.496 p
R6 0.496 p
R8 0.106 p
1
2
3
4
5
6
7

FIG. 21.

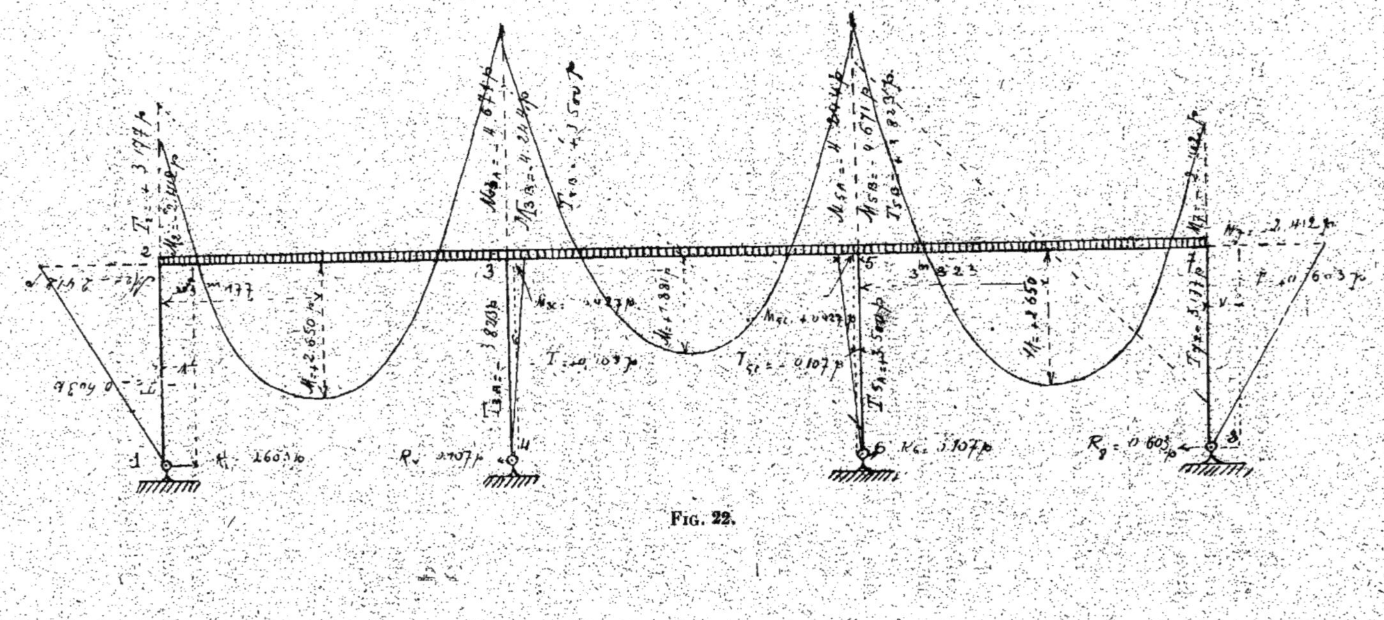

FIG. 22.

Pour a barre horizontale 2-3, en 2, un moment de flexion égal à $-2,412\,p$, une compression égale à $0,603\,p$, et un effort tranchant de $3,177\,p$, correspondant à la réaction qui est égale à :

$$\frac{pl}{2}+\frac{M_{n+1}-M_n}{l}=3,5-\frac{4,671+2,412}{7}=3,177\,p$$

L'effort tranchant en 3_A est :

$$\frac{pl}{2}-\frac{M_{n+1}-M_n}{l}=3,5+\frac{4,671-2,412}{7}=3,823\,p.$$

Le point où la ligne représentative des moments rencontre la barre 1-3 correspond au moment positif maximum, qui est mesuré à l'échelle-dessin et est de : $+2,650\,p$.

En ce point, pas d'effort tranchant, mais une compression égale à $0,603\,p$.

En 3_A, le moment négatif est $4,671\,p$, la compression $0,603\,p$, et l'effort tranchant $3,823\,p$.

Pour le montant vertical 3-4, en 3, moment négatif égal à $-0,427\,p$; compression correspondante aux réactions des barres 2-3 et 3-5 :

$$3,823\,p+3,500\,p=7,323\,p.$$

Pour la traverse médiane en 3_B.

Moment négatif de $-4,244\,p$.

Compression $0,603\,p-0,107\,p=0,496\,p$.

Effort tranchant $3,5\,p$.

Au milieu, moment de flexion positif :

$$\frac{pl^2}{8}-4,244\,p=6,125\,p-4,244\,p=1,881\,p.$$

Compression $0,496\,p$; effort tranchant nul.

Pour les parties 5-6, 6-7, et 7-8, les efforts sont répartis symétriquement à ceux que nous avons donnés pour 3-4, 3-2, et 2-1.

CADRE SYMÉTRIQUE A CINQ TRAVÉES

VII. — *Les six appuis sont encastrés, la traverse horizontale est soumise symétriquement à une charge uniformément répartie par mètre courant.*

Soit donc un cadre à 5 travées, représenté par la figure 23, dont les montants ont 4 m. de hauteur, les travées étant toutes de même portée : 7 m.

Nous supposons que les moments d'inertie et les coefficients d'élasticité E sont constants dans toute la construction et nous nous proposons de calculer les efforts auxquels sont soumis ses éléments dans les 5 cas de charge indiqués ci-après :

1° Sur les travées extrêmes ;

2° Sur les deuxième et quatrième travées ;

3° Sur toutes les travées, sauf la travée médiane ;

4° Sur la travée médiane seulement,

5° Sur toutes les travées.

Nous commençons à considérer ce système comme étant à appuis fixes, c'est-à-dire que nous plaçons en chacun des nœuds 2, 3, 5, 7, 9, 11 des broches fictives et nous calculons les foyers.

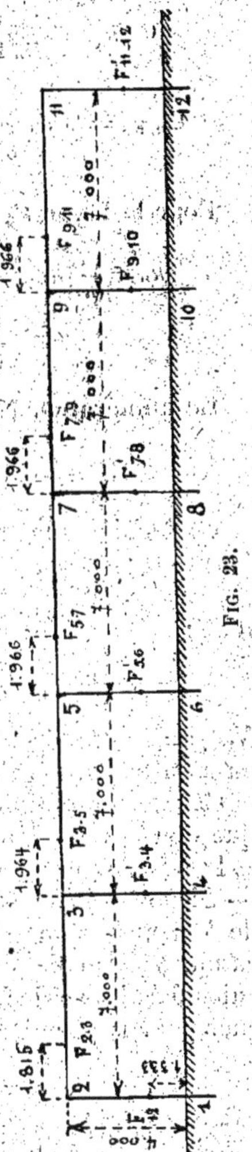
Fig. 23.

Si nous nous reportons à l'application V, le cadre qui y est étudié étant du même genre : appuis encastrés, montants : 4 m. ; travées : 7 m., nous avons déterminé les foyers F_{1-2}, F_{2-3}, F_{3-5} et F'_{3-4} et nous avons donc déjà les ordonnées :

$U_{1-2} = 1$ m. 333 , $U_{2-3} = 1$ m. 815 ,
$U'_{3-4} = 2$ m. 667 , $U_{3-5} = 1$ m. 964.

Pour les autres foyers, comme tous les appuis sont encastrés, nous avons :

$$U'_{3-4} = U'_{5-6} = U'_{7-8} = U'_{9-10} = U'_{11-12}.$$

Il nous reste donc à obtenir les ordonnées de F_{5-7}, F_{7-9}, F_{9-11}, F_{11-12}.

Nous appliquons encore les formules suivantes du paragraphe 45 de notre traité :

$$k_n = \frac{E_{n+1} I_{n+1} l_n}{E_n I_n l_{n+1}} \; ; \; k_{n+1} = \frac{E_{n+2} I_{n+2} l_n}{E_n I_n l_{n+2}}$$

$$U_{n+1} = l_{n+1} \frac{k_{n+1}\left(3 - \frac{l_n}{v_n}\right) + 3 - \frac{l_{n+1}}{U'_{n+2}}}{3 \text{ numérat} + k_n\left(3 - \frac{l_n}{v_n}\right)\left(3 - \frac{l_{n+1}}{U'_{n+2}}\right)}$$

Pour le foyer F_{5-7} nous avons :

$$k_n = \frac{l_n}{l_{n+1}} = \frac{7}{7} = 1 \; , \; k_{n+1} = \frac{l_n}{l_{n+2}} = \frac{7}{4} = 1{,}75$$

$$V_n = 7 - 1{,}964 = 5{,}036$$

$$U'_{n+2} = 4 - 1{,}333 = 2{,}667$$

Le numérateur N est donc :

$$N = 1{,}75\left(3 - \frac{7}{5{,}036}\right) + 3 - \frac{4}{2{,}667} = 4{,}317$$

Le deuxième membre du dénominateur devient donc :

$$1{,}00\left(3 - \frac{7}{5{,}036}\right)\left(3 - \frac{4}{2{,}667}\right) = 2{,}415$$

d'où :

$$U_{5-7} = 7 \times \frac{4{,}317}{3 \times 4{,}317 + 2{,}415} = 1 \text{ m. } 966$$

$V_{5.7} = 7 - 1{,}966 = 5{,}034$, tandis que V_{3-5} est 5,036, il en résulte que $V_{7-9} = V_{9-11} = 1{,}966$.

Ces déterminations sont suffisantes pour les problèmes que nous avons à résoudre.

1° *Les travées extrêmes sont chargées uniformément.* — Si nous remarquons que F'_{2-3} est distant de l'appui 3 de 1 m. 966 (symétrique de F_{9-11}) tandis que dans l'application V cette distance était de 1 m. 964, les moments calculés à cet exercice sont donc les mêmes que ceux cherchés pour la première travée seule chargée et qui sont :

$$M_2 = -3{,}029\,p \qquad M_{3A} = -3{,}596\,p.$$

D'après les propriétés des foyers nous avons immédiatement :

$$M_1 = -\frac{M_2}{2} = +\frac{3{,}029\,p}{2} = +1{,}514\,p.$$

Nous allons calculer maintenant M_{3B} et M_{3C} en nous servant des formules établies au paragraphe 49 (pour la figure 67) du traité général; en nous reportant à la notation qui y a été employée, nous avons :

$$v'_b = 1,966 \qquad U'_b = 5,034$$
$$v'_c = 1,333 \qquad U'_c = 2,667$$
$$\alpha'_b = \frac{1,966}{5,034} \qquad \alpha'_c = \frac{1,333}{2,667}$$
$$\rho = \frac{l_c}{l_b}\,\frac{E_b \,.\, I_b}{E_c\, I_c} \times \frac{2 - \alpha'_c}{2 - \alpha'_b}$$
$$l_c = 4\text{ m.}\ ,\quad l_b = 7\text{ m.}$$

Les moments d'inertie étant, par hypothèse, égaux entre eux ainsi que les coefficients d'élasticité, nous obtenons pour ρ la valeur :

$$\rho = \frac{4}{7} \times \frac{2 - \dfrac{1,333}{2,667}}{2 - \dfrac{1,966}{5,034}} = 0,532$$

$$M_{3B} = M_{3A} \times \frac{1}{1+\rho} = \frac{0,532}{1,532} M_{3A} = 0,347\, M_{3A}$$
$$M_{3B} = -0,347 \times 3,596\, p = -1,218\, p$$
$$M_{3C} = -3,596\, p + 1,218\, p = -2,378\, p$$
$$M_4 = + \frac{2,378\, p}{2} = 1,189\, p.$$

Le rapport $\dfrac{1,966}{5,034} = 0,391$, nous aurons ainsi :

$$M_{5A} = -0,391 \times M_{3B} = 0,391 \times 1,218\, p = 0,476\, p.$$

La répartition pour les nœuds 7 et 9 se faisant avec les mêmes éléments de calculs que pour 5, les coefficients restant les mêmes, on a donc :

$$M_{5B} = -0,347\, M_{5A} = +\, 0,347 \times 0,476\, p = 0,165\, p$$
$$M_{5C} = M_{5A} - M_{5B} = 0,476\, p - 0,165\, p = 0,311\, p$$
$$M_6 = -\frac{M_{5C}}{2} = -0,155\, p$$
$$M_{7A} = -0,391 \times 0,165\, p = -0,065\, p$$
$$M_{7B} = -0,347\, M_{7A} = -0,347 \times 0,065\, p = -0,023\, p$$
$$M_{7C} = M_{7A} - M_{7B} = -0,065 + 0,023\, p = -0,042\, p$$
$$M_8 = -\frac{M_{7C}}{2} = +\, 0,021\, p.$$

Pour la dernière travée, la répartition se fera comme

pour le cas de l'application V, les éléments du calcul étant les mêmes :

$$M_{9A} = -0,391 \times M_{7B} = +0,391 \times 0,023\,p = +0,009\,p$$
$$M_{9B} = 0,341 \times M_{9A} = 0,341 \times 0,009\,p = 0,003\,p$$
$$M_{9C} = M_{9A} - M_{9B} = 0,006\,p$$
$$M_{10} = -\frac{M_{9C}}{2} = -0,003\,p$$
$$M_{11} = -M_{9B} \times \frac{1,815}{5,185} = -0,003\,p \times 0,350 = -0,001\,p$$
$$M_{12} = -\frac{M_{11}}{2} = +0,0005\,p.$$

Le dessin n° 24 donne la représentation graphique des moments provoqués par la charge p, uniformément répartie sur la première travée (ainsi que sur la cinquième qui en est symétrique par rapport à l'axe de la construction considérée).

Si nous prenons l'ensemble de ces deux charges, comme elles sont symétriquement placées par rapport à l'axe de l'ouvrage, les réactions horizontales des broches, changées de sens, se font équilibre, nous pouvons donc supprimer ces dernières et nous obtenons ainsi, en additionnant les deux séries de moments, la représentation figurée par le dessin n° 25, donnant la solution cherchée.

Les efforts suivant les axes des éléments seront déduits des réactions :

$$R_1 = R_{12} = \frac{M_2 - M_1}{h} = -\frac{3,031\,p - 1,514\,p}{4} = -1,136\,p$$
$$R_4 = \frac{M_{3C} - M_4}{h} = -\frac{2.384\,p - 1,192\,p}{4} = -0,889\,p$$
$$R_6 = \frac{M_{5C} - M_6}{h} = +\frac{0,353\,p + 0,176\,p}{4} = +0,176\,p$$

ce qui conduit à ce que les traverses 2-3 et 9-11 sont comprimées sous l'action d'une force 1,136 p. ; les traverses 3-5, 7-9, subissent une compression de :

$$1,136\,p = 0.889\,p = 0,247\,p$$

et celle médiane 5-7 :

$$1,136\,p - 0,889\,p + 0,176\,p = 0,423\,p$$

Les réactions verticales sont en 2 et transmises en 1 :

$$\frac{pl}{2} + \frac{M_{3A} - M_2}{l} = 3,5\,p + \frac{3,596\,p - 3,029\,p}{7}$$
$$= 3,5\,p - 0,081\,p = 3,419\,p.$$

3.029 p
1.514 p
3.596 p
1.189 p
1.218 p
2.378 p
0.341 p
0.476
0.165 p
0.155 p
0.085 p
0.021 p
0.023 p
0.042 p
0.003 p
0.003 p
0.002 p
0.001 p
3.030 p
1.515 p
2.8 p
3.593 p
1.192 p
1.203
3.384 p
0.353 p
0.453 p
0.100 p
1.209 p
2.384 p
1.516
3.030

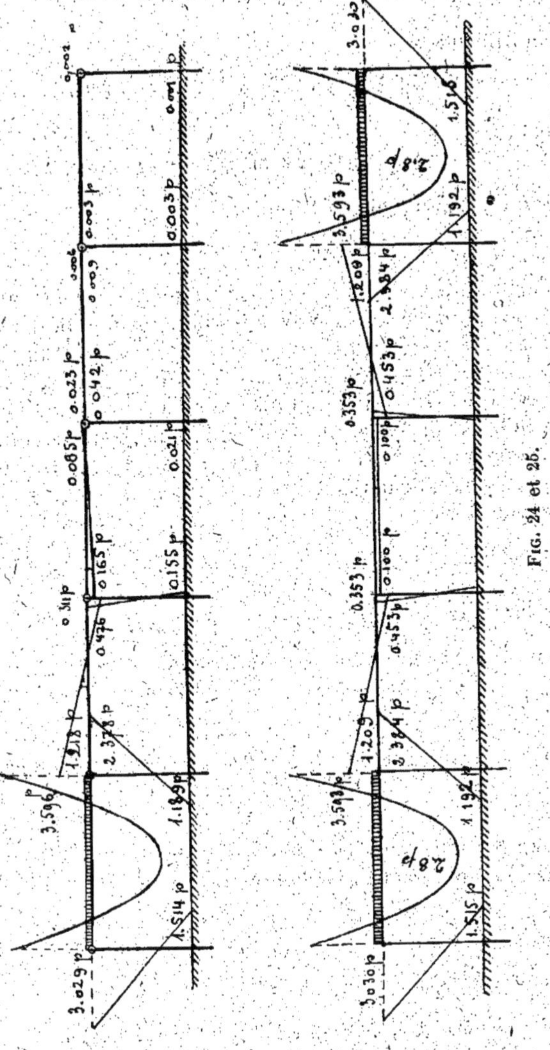

FIG. 24 et 25.

En 3A :

$$\frac{pl}{2} + \frac{M_2 - M_{3A}}{l} = 3{,}5\,p + 0{,}081\,p = 3{,}581\,p$$

En 3B ou :

$$\frac{M_{5A} - M_{3B}}{l} = \frac{0{,}453\,p + 1{,}219\,p}{7} = 0{,}239\,p$$

donc :

$$Rv_4 = 3{,}581\,p + 0{,}239\,p = 3{,}820\,p.$$

Tandis qu'en 6 et en 8 on a :

$$Rv_6 = Rv_8 = -0{,}239\,p.$$

L'action des charges sur les travées extrêmes auront donc des tendances à soulever les poteaux 6 et 8.

2° *Les deuxième et quatrième travées sont chargées uniformément.* — Dans les travées n° 2 et n° 4, les distances des foyers aux appuis voisins sont 1 m. 964 ou 1 m. 966 qui diffèrent entre elles de 2 millièmes. Pour nos calculs nous en concluons que $M_{3B} = M_{5A} = M_{7B} = M_{9A}$, et nous les obtiendrons à l'aide de la formule connue du paragraphe 37.

$$M_{n-1} = -p\,\frac{U_n}{U'_n - U_n}\,\frac{l_n}{6}\left(2\,U'_n - V'_n - \frac{l_n}{2}\right)$$

dans laquelle

$$U_n = 1{,}966\text{ m.},\qquad U'_n = 7 - 1{,}966 = 5{,}034$$
$$l_n = 7\text{ m.}\qquad V'_n = 1{,}966\text{ m.}$$

donc :

$$M_{3B} = -\frac{p \times 1{,}966}{5{,}034 - 1{,}966} \times \frac{7{,}000}{6}\,(2 \times 5{,}034 - 1{,}966 - 3{,}5)$$
$$M_{3B} = -3{,}441\,p.$$

Pour calculer tous les moments nous nous servirons des coefficients obtenus précédemment et nous avons ainsi :

$$M_{3A} = 0{,}341 \times M_{3B} = -0{,}341 \times 3{,}441\,p = -1{,}173\,p$$
$$M_{3C} = -M_{3B} + M_{3A} = 3{,}441\,p - 1{,}173\,p = 2{,}268\,p$$
$$M_4 = -\frac{M_{3C}}{2} = -\frac{2{,}268\,p}{2} = -\frac{1{,}134\,p}{2}$$
$$M_2 = -M_{3A} \times 0{,}350 = +1{,}173 \times 0{,}350\,p = 0{,}411\,p$$
$$M_1 = -\frac{M_2}{2} = -\frac{0{,}411\,p}{2} = -0{,}205\,p$$

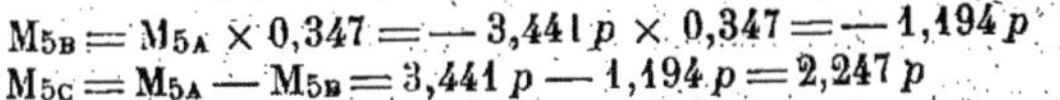

$M_{5B} = M_{5A} \times 0,347 = -3,441\,p \times 0,347 = -1,194\,p$
$M_{5C} = M_{5A} - M_{5B} = 3,441\,p - 1,194\,p = 2,247\,p$

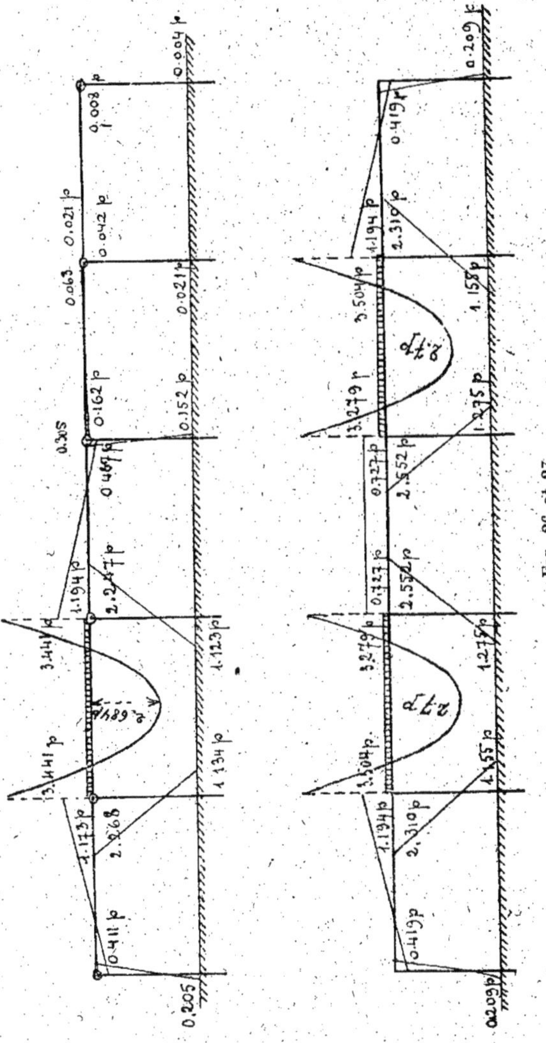

Fig. 26 et 27.

$$M_6 = -\frac{M_{5C}}{2} = -\frac{2,247\,p}{2} = +1,123\,p$$

$M_{7A} = -M_{5B} \times 0,391 = 1,194\,p \times 0,391 = 0,467\,p$

$$M_{7B} = M_{7A} \times 0,347 = 0,467\,p \times 0,347 = 0,162\,p$$
$$M_{7C} = M_{7A} - M_{7C} = 0,467\,p - 0,162\,p = 0,305\,p$$
$$M_8 = -\frac{M_{7C}}{2} = -\frac{0,305\,p}{2} = -0,152\,p$$
$$M_{9A} = -M_{7B} \times 0,391 = -0,162\,p \times 0,391 = -0,063$$
$$M_{9B} = 0,341 \times M_{9A} = 0,341 \times 0,063\,p = 0,021\,p$$
$$M_{9C} = M_{9A} - M_{9B} = 0,063\,p - 0,021\,p = 0,042\,p$$
$$M_{10} = -\frac{M_{9C}}{2} = -\frac{0,042}{2} = -0,021\,p$$
$$M_{11} = -M_{9B} \times 0,350 = 0,021\,p \times 0,350 = 0,008\,p$$
$$M_{12} = -\frac{M_{11}}{2} = -\frac{0,008}{2} = -0,004\,p$$

Le dessin n° 26 donne la représentation graphique des moments provoqués par la charge p uniformément répartie sur la deuxième travée. La charge p uniformément répartie sur la quatrième travée donnerait une épure symétrique par rapport à l'axe de l'ouvrage.

Si nous considérons l'ensemble de ces deux charges, comme elles sont symétriquement placées par rapport au même axe, les réactions horizontales des broches changées de sens se font équilibre, nous pouvons donc supprimer celles-ci. Les sommes des moments ont des valeurs figurées au dessin n° 27.

Les efforts suivant les axes des éléments de la construction seront déduits des réactions :

$$R_{H1} = \frac{0,419\,p + 0,209\,p}{4} = 0,314\,p$$
$$R_{H4} = \frac{2,310\,p + 1,155\,p}{4} = 1,733\,p$$
$$R_{H5} = \frac{2,552\,p + 1,278\,p}{4} = 1,915\,p$$

Ce qui nous conduit à avoir les travées 2-3 et 9-11 tendues sous l'action d'une force $0,314\,p$;

Les traverses 3-5 et 7-9 comprimées sous l'action d'une force $1,733\,p - 0,314\,p = 1,419\,p$;

Enfin, la traverse du milieu soumise à l'action d'une compression $1,733\,p$ et de deux tensions $0,314\,p$ et $1,915\,p$, en définitive, elle est tendue sous l'action de la force

$$1,915\,p + 0,314\,p - 1,733\,p = 0,496\,p$$

Les réactions verticales seront :

$$R_{v_1} = -\frac{1,194\,p + 0,419\,p}{7} = -0,373\,p$$

$$R_{v3A} - \frac{0,419\,p + 1,194\,p}{7} = +0,373\,p$$

$$R_{v3B} = \frac{pl}{2} + \frac{M_{5A} - M_{3B}}{l} = 3,5\,p + -\frac{3,279\,p + 3,504\,p}{7} = 3,532\,p$$

$$R_{v5A} = \frac{pl}{2} + \frac{M_{3B} - M_{5A}}{l} = 3,5\,p - \frac{3,504\,p + 3,279\,p}{7} = 3,468\,p$$

$$R_{v5B} = \frac{M_{7A} - M_{5B}}{l} = -\frac{0,727\,p + 0.727\,p}{7} = 0.$$

Ce qui nous conduit à avoir le poteau 1-2 soumis à une tension ayant comme valeur 0,373 p, mais le poteau 4-3 est soumis à une compression $0,373p + 3,532p = 3,905p$, tandis que 6-5 est soumis seulement à une compression de $3,468p$.

3° *La travée médiane est chargée uniformément.* — Les cotes des foyers F_{5-7} et F'_{5-7} diffèrent de celles de F_{3-5} et F'_{3-5} seulement de 2 millièmes, les moments M_{5B} et M_{7A} sont donc les mêmes que ceux trouvés précédemment pour M_{3B} et M_{5A}, c'est-à-dire $-3,441\,p$.

Nous avons donc la suite :

$$M_{5B} = -3,441\,p$$
$$M_{5A} = -1,194\,p$$
$$M_{5C} = +2,247\,p$$
$$M_6 = -\frac{M_{5C}}{2} = 1,123\,p$$
$$M_{3B} = +0,467\,p$$
$$M_{3C} = -0,305\,p$$
$$M_4 = +0,152\,p$$
$$M_{3A} = 0,162\,p$$
$$M_2 = -M_{3A} \times 0,350\,p = 0,162\,p \times 0,350 = -0,057\,p$$
$$M_1 = -\frac{M_2}{2} = +0,028\,p.$$

ce qui est représenté graphiquement par la figure 28.

Les réactions horizontales sont :

$$R_{H1} = \frac{0,057\,p - 0,028\,p}{4} = -0,021\,p$$

$$R_{H4} = \frac{0,304\,p - 0,152\,p}{4} = -0,114\,p$$

$$R_{H6} = \frac{2,207\,p + 1,123\,p}{4} = +0,857\,p.$$

La traverse 2-3 est donc comprimée sous l'action d'une force 0,021 p. La traverse 3-5 est tendue sous l'action de $0,114p - 0,021p = 0,093p$. Enfin 5 — 7 est comprimé sous l'action de $0,857p + 0,021p - 0,114p = 0,764p$.

Les réactions verticales seront :

$$R_{v2} = \frac{0,057\,p + 0,162\,p}{7} = +0,031\,p$$

$$R_{v3A} = \frac{-0,057\,p - 0,162\,p}{7} = -0,031\,p$$

$$R_{v3B} = \frac{-1,194\,p - 0,467\,p}{7} = -0,234\,p$$

$$R_{v5A} = + \frac{1,194\,p + 0,467\,p}{7} = +0,234\,p$$

$$R_{v5B} = 3,5\,p.$$

Ce qui nous conduit à avoir le premier montant 1-2 et le dernier 11-12 comprimés sous l'action d'une force 0,031 p. Les montants 3-4 et 9-10 tendus sous l'action de la force $0,031\,p + 0,234\,p = 0,265\,p$. Enfin les poteaux 5-6 et 7-8 comprimés sous l'action d'une force $3,5p + 0,234p = 3,734p$.

4° *Les cinq travées sont chargées uniformément.* — Ce cas est la combinaison des trois précédemment étudiés. Pour avoir les moments aux appuis et nœuds, il nous suffira d'additionner algébriquement les moments inscrits sur les figures 25, 27 et 28. Nous avons ainsi :

$$M_1 = +1,515\,p + 0,028\,p - 0,209\,p = +1,334\,p$$
$$M_2 = -3,030\,p - 0,057\,p + 0,419\,p = -2,668\,p$$
$$M_{3A} = -3,593\,p - 1,194\,p + 0,162\,p = -4,625\,p$$
$$M_{3B} = -1,209\,p - 3,504\,p + 0,467\,p = 4,246\,p$$
$$M_{3C} = -2,384\,p - 0,305\,p + 2,310\,p = -0,379\,p$$
$$M_4 = +1,192\,p + 0,152\,p - 1,155\,p = +0,189\,p$$
$$M_{5A} = -3,279\,p - 1,194\,p + 0,453\,p = 4,020\,p$$
$$M_{5B} = -0,727\,p - 3,411\,p + 0,100\,p = 4,063\,p$$
$$M_6 = -0,176\,p - 1,123\,p + 1,275\,p = +0,024\,p$$

Les réactions horizontales sont :

$$R_{H1} = \frac{M_2 - M_1}{h} = \frac{2,668\,p + 1,334\,p}{4} = p$$

$$R_{H4} = \frac{M_{3C} - M_4}{h} = -\frac{0,379\,p - 0,184\,p}{4} = +0,132\,p$$

$$R_{H6} = \frac{M_{5C} - M_6}{h} = +\frac{0,048\,p + 0,024\,p}{4} = 0,018\,p$$

ce qui nous donne les traverses 2-3 et 9-11 comprimées

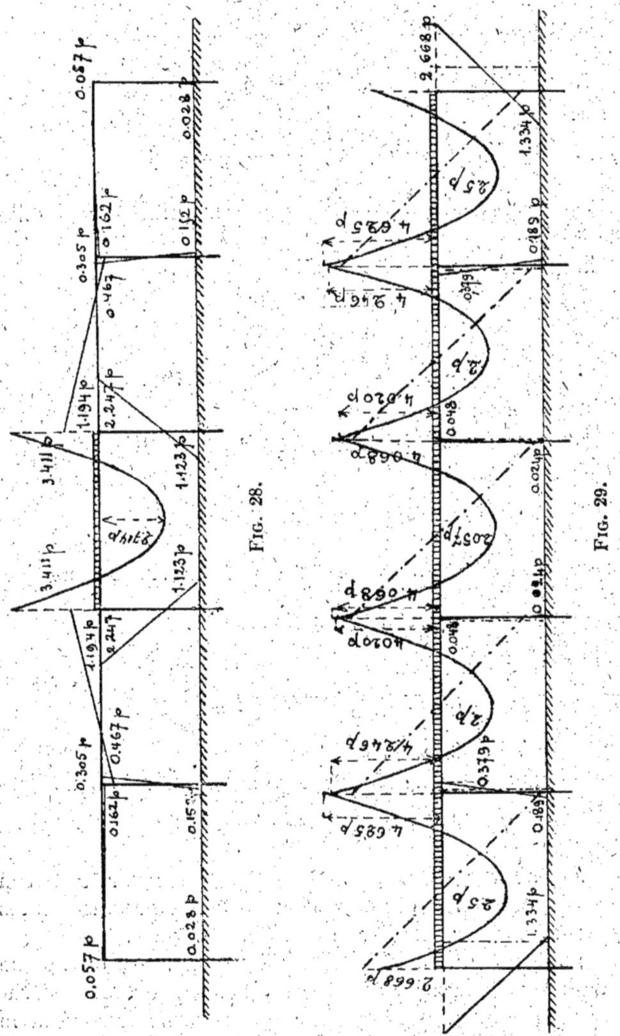

Fig. 28.

Fig. 29.

sous l'action de p; les traverses 3-5 et 7-9 comprimées sous l'action de $p - 0,132p = 0,868p$; la traverse médiane 5-7 comprimée sous l'action de $p + 0{,}018\,p - 0{,}132\,p = 0{,}896\,p$.

La réaction verticale en 2 est :

$$\frac{M_{3A} - M_2}{l} + \frac{pl}{2},$$

donc :

$$3{,}5\,p + \frac{-4{,}625\,p + 2{,}668\,p}{7} = 3{,}221\,p$$

c'est-à-dire que le poteau 1-2 sera comprimé sous l'action de $3{,}221\,p$.

En 3A on a :

$$\frac{M_2 - M_{3A}}{l} + \frac{pl}{2},$$

donc :

$$3{,}5 - \frac{-4{,}625\,p + 2{,}668\,p}{7} = 3{,}779\,p.$$

En 3B on a :

$$\frac{pl}{2} + \frac{M_{5A} - M_{3B}}{l},$$

c'est-à-dire :

$$3{,}5 - \frac{-4{,}020\,p + 4{,}246\,p}{7} = 3{,}532\,p,$$

les poteaux 3-4 et 9-10 seront donc comprimés sous l'action de :

$$3{,}779\,p + 3{,}532\,p = 7{,}311\,p.$$

En 5A on aura :

$$3{,}5\,p - \frac{-4{,}020\,p + 4{,}246\,p}{7} = 3{,}468\,p.$$

En 5B on a $3{,}5\,p$.

Les poteaux 5-6 et 7-8 seront donc comprimés sous l'action de :

$$3{,}5\,p + 3{,}468\,p = 6{,}968\,p.$$

Ces réactions nous permettent de tracer sur le dessin nº 29 l'épure des efforts tranchants et d'avoir ainsi toutes les données pour calculer le cadre à 5 travées.

Comme conclusion de cette application nous voyons que pour un cadre multiple à appuis encastrés, dont les travées sont égales, pour une charge uniformément répartie sur la traverse, sauf pour les poteaux extrêmes, les autres supportent des charges sensiblement égales et subissent de faibles moments de flexion ; enfin, si l'on charge des travées en en laissant d'autres libres, les poteaux peuvent éprouver de ce fait des moments de flexion importants et leurs appuis être le siège de fortes réactions horizontales.

B. — CONSTRUCTIONS A ÉLÉMENTS RECTILIGNES CHARGÉES DISSYMÉTRIQUEMENT

VIII. — *Cadre simple dont les deux appuis sont à rotules, un des montants étant sur toute sa longueur soumis à une charge uniformément répartie* p *par mètre courant.*

Nous prenons (fig. 30) le cadre de l'exercice II, dont les montants ont 8 mètres et la traverse horizontale 15 mètres.

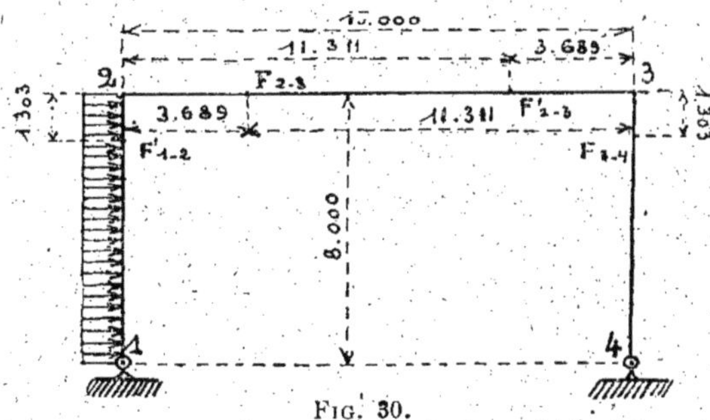

FIG. 30.

Nous avons déjà déterminé la position du foyer F_{2-3}, qui est distant de 3 m. 689 du nœud 2.

Pour être fixés sur le point F_{3-4}, nous emploierons comme précédemment les formules que nous avons établies au paragraphe 34 et qui sont :

$$U_{n+1} = \frac{V_n l_{n+1}}{3 V_n (K_n + 1) - l_n K_n},$$

$$K_n = \frac{E_{n+1} I_{n+1} l_n}{E_n . I_n l_{n+1}},$$

Dans ce cas :

$$K_n = \frac{l_n}{l_{n+1}} = \frac{15}{8} = 1 \text{ m. } 875.$$

$$V_n = 15 - 3{,}689 = 11{,}311.$$

et :

$$U_3 = \frac{11{,}311 \times 8}{3 \times 11{,}311 \times 2{,}875 - 15 \times 1{,}875} = 1 \text{ m. } 303.$$

Nous allons, en suivant notre méthode, considérer le cadre donné comme étant à appuis fixes, c'est-à-dire qu'en 2 et 3 seront des broches fictives.

Nous aurons immédiatement le moment en 2 en appliquant les formules du paragraphe 37 ; on fera usage seulement de celle correspondant à l'appui de droite puisque le premier est une rotule.

$$M_n = -\frac{pV'_n}{U'_n - U_n} \times \frac{l_n}{6}\left(\frac{l_n}{2} + V_n - 2\,U_n\right)$$

$$V'_1 = 1{,}303 \qquad U'_1 = 8 - 1{,}303 = 6 \text{ m. } 697$$

$$U_n = 0 \qquad V_n = 8$$

$$m_2 = -p \times \frac{1{,}303}{6{,}697} \times \frac{8}{6}\left(\frac{8}{2} + 8 - 2 \times 0\right) = -3{,}113\,p.$$

et en appliquant les propriétés des foyers, on a :

$$m_3 = 3{,}113 + \frac{3{,}689}{11{,}311}p = 1{,}015\,p.$$

Moments représentés graphiquement sur la figure 31.

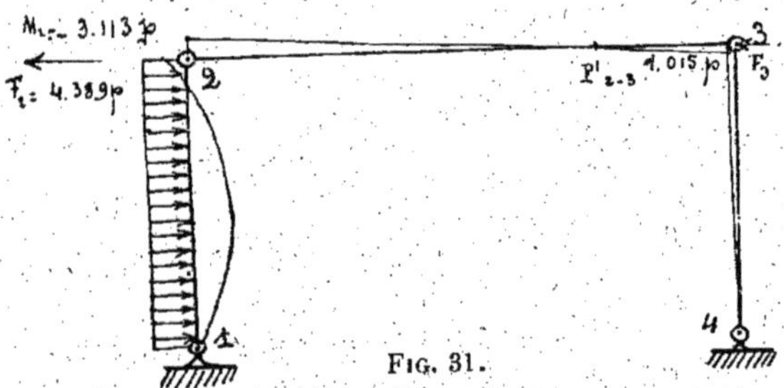

Fig. 31.

Nous allons à présent considérer le cadre comme entièrement déchargé et soumis aux réactions des broches, changées de signes.

En appliquant ce qui a été dit au paragraphe 70, ces réactions ont pour valeur pour la broche 2 :

$$F_2 = \frac{8}{2}p + \frac{m_1 - m_2}{8} = 4\,p + \frac{3{,}113}{8} = 4{,}389\,p.$$

et pour la broche 3 :

$$F_3 = \frac{1{,}015}{8} = 0{,}127\,p.$$

La force d'entraînement devient donc :

$$\varphi = F_2 + F_3 = 4{,}389\,p + 0{,}127\,p = 4{,}516\,p.$$

Examinons le cadre comme étant soumis à l'action d'une force horizontale φ appliquée en 2 (fig. 32).

Comme les montants 1, 2 et 3, 4 ont mêmes moments d'inertie et mêmes coefficients d'élasticité, les moments

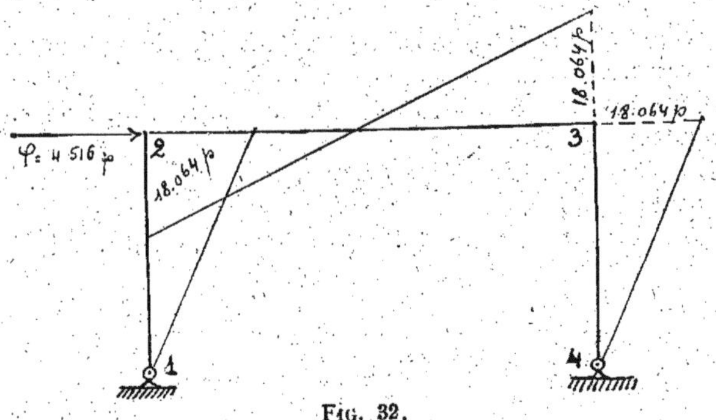

Fig. 32.

m'_2 et m'_3 sont égaux en valeurs absolues, mais de signes contraires (voir § 97) ; nous pouvons donc écrire :

$$\varphi = 2 \times \frac{m'_2}{h} = \frac{m'_2}{4},$$

d'où :

$$m'_2 = 4\,\varphi,$$

Remplaçant φ par la valeur précédemment calculée, nous avons :

$$m'_2 = 4 \times 4{,}516\,p = 18{,}064\,p.$$

Nous avons finalement :

$$M_2 = m_2 + m'_2$$
$$M_3 = m_3 + m'_3$$
$$M_2 = -3{,}113\,p + 18{,}064\,p = +14{,}951\,p$$
$$M_3 = +1{,}015\,p - 18{,}064\,p = -17{,}049\,p.$$

Les réactions horizontales des appuis sont :

$$R_1 = \frac{8\,p}{2} + \frac{14{,}951}{8}p = 5{,}869\,p.$$

$$R_4 = \frac{17{,}049}{8} = 2{,}131\,p.$$

Ces deux forces doivent équilibrer les forces données :

$$5{,}869\,p + 2{,}131\,p = 8{,}000\,p$$

ce qui est donc vérifié.

D'après la règle indiquée au paragraphe 70 les réactions verticales en 2 et 3 sont en valeurs absolues.

$$V_1 = V_4 = \frac{14,951 + 17,049}{15} = 2,133\,p.$$

Celle en 2 est dirigée de bas en haut et celle en 3 en sens contraire.

Nous avons ainsi tous les éléments permettant de calculer le cadre donné.

En 1, une tension égale à 2,133 p, et un effort tranchant de 5,869 p.

Le point où le moment de flexion positif est maximum

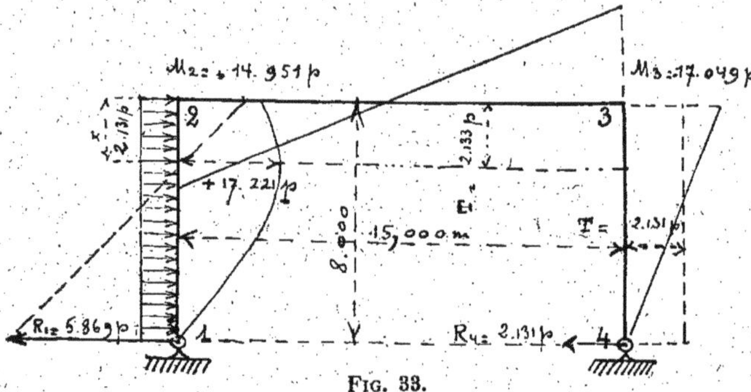

FIG. 33.

sur le montant 2-3 est celui où l'effort tranchant est nul.

L'effort tranchant en 2, est :

$$\frac{8p}{2} - \frac{14,951}{8} = 2,131\,p.$$

Sur la figure 34, nous aurons la ligne représentative des efforts tranchants rencontrant 1-2 en un point dont l'ordonnée x est obtenue d'après la similitude de triangles à l'aide de la proportion :

$$\frac{x}{8 - x} = \frac{2,131}{5,869}$$

d'où :

$$x = 2,131.$$

La parabole à flèche $\frac{pl^2}{8} = p \times 8$ déformée par la présence du moment $M_2 = 14,951$, peut être représentée par la figure 34, où, comme précédemment, y est donné par l'équation :

$$\frac{y}{5,869} = \frac{14,95}{8}.$$

d'où :

$$y = 10,968.$$

y' sera obtenu à l'aide de l'équation de la parabole qui est :

$$y' = \frac{4fx}{l}\left(1 - \frac{x}{l}\right),$$

ou :

$$f = 8\,p \qquad l = 8 \qquad x = 2,131$$
$$y' = 6,253$$

Finalement, le moment maximum positif est en un point

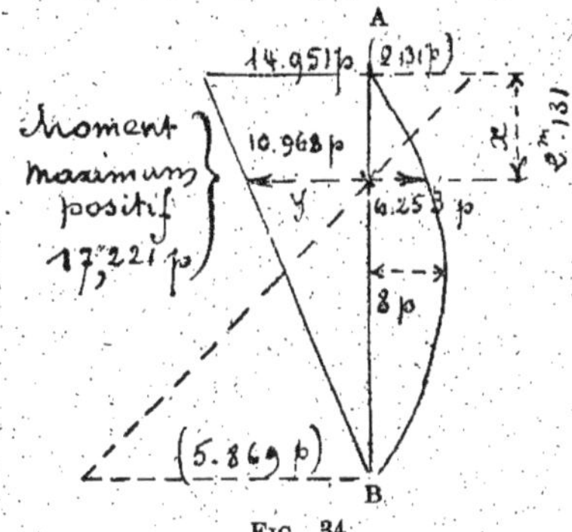

Fig. 34.

distant de 2 m. 133 du sommet 2 et il a pour valeur :

$$10,968\,p + 6,253\,p = 17,221\,p.$$

En ce point, l'effort tranchant est nul, mais la tension est toujours 2,133 p.

Au point 2, sur le montant vertical : moment de flexion positif : 14,936 p ; effort tranchant : 2,131 p ; tension : 2,133 p.

Au même point, mais sur la traverse horizontale : moment de flexion positif 14,936 p ; compression correspondant à l'effet du montant 3-4 en 3, c'est-à-dire à :

$$\frac{17,049}{8}\,p = 2,131\,p.$$

et l'effort tranchant qui correspond à V_1, c'est-à-dire à 2,133 *p*.

En 3, sur la traverse, moment de flexion négatif 17,049 *p*, compression et efforts tranchants comme pour le point 2.

Enfin, pour le montant 3-4 en 3, moment de flexion négatif 17,049 *p*, compression égale à 2,133 *p*, et effort tranchant 2,131 *p* ; au point 4, compression 2,133 *p* et effort tranchant 2,131 *p*.

IX. — *Cadre simple dont les deux appuis sont encastrés, une force verticale P, agissant en un point quelconque de la traverse horizontale.*

Nous prenons (fig. 35) le cadre de l'exercice I, dont

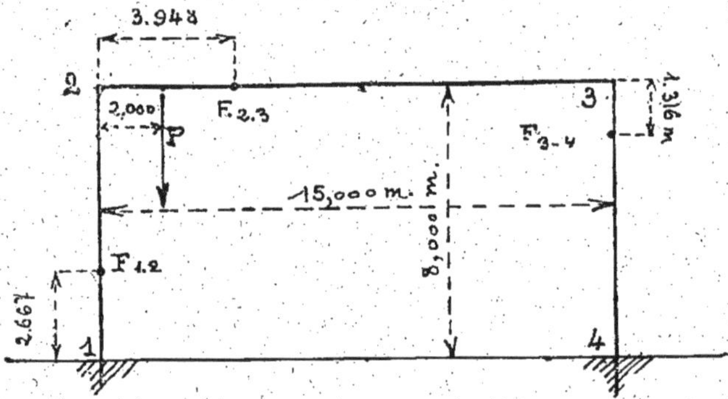

Fig. 35.

les montants ont 8 mètres et la traverse horizontale 15 mètres.

Nous avons déjà déterminé les positions des foyers F_{1-2}, F_{2-3}, qui sont respectivement distants des nœuds les plus voisins de 2 m. 667 et 3 m. 948.

Pour être fixés sur la position du foyer F_{3-4}, nous emploierons, comme nous avons fait pour le foyer F_{2-3}, les formules que nous avons établies au paragraphe 34, et qui sont :

$$U_{n+1} = \frac{V_n \, l_{n+1}}{3 \, V_n (K_{n+1}) - l_n K_n},$$

$$K_n = \frac{E_{n+1} I_{n+1} l_n}{E_n I_n l_{n+1}}.$$

Dans ce cas :

$$K_n = \frac{l_n}{l_{n+1}} = \frac{15}{8} = 1 \text{ m. } 875,$$
$$V_n = 15 - 3{,}948 = 11 \text{ m. } 052.$$

et :

$$U_3 = \frac{11{,}052 \times 8}{3 \times 11{,}052 \times 2{,}875 - 15 \times 1{,}875} = 1 \text{ m. } 316.$$

Nous allons, en suivant notre méthode, considérer le cadre donné comme étant à appuis fixes, c'est-à-dire qu'en 2 et 3 seront des broches fictives.

Nous prendrons une longueur quelconque, 2 m. par exemple, comme distance du sommet 2 du point d'application de la force P.

Nous aurons immédiatement les moments en 2 et 3 en appliquant les formules du paragraphe 37, c'est-à-dire :

$$M_{n-1} = -P \frac{U_n}{U'_n - U_n} \frac{a}{l_n}\left(1 - \frac{a}{l_n}\right)(2U'_n - V'_n - a),$$

et :

$$M_{n+1} = -P \frac{V'_n}{U'_n - U_n} \frac{a}{l_n}\left(1 - \frac{a}{l_n}\right)(-2U_n + V_n + a).$$

$$U_n = 3{,}948 \qquad U'_n = 15 - 3{,}948 = 11{,}052.$$
$$V_n = 11{,}052 \qquad V'_n = 3{,}948.$$

$$m_2 = -P \times \frac{3{,}948}{7{,}104} \times \frac{2}{15} \times \left(1 - \frac{2}{15}\right)(2 \times 11{,}052 - 3{,}948 - 2) = - 1{,}037 \text{ P}.$$

$$m_3 = -P \times \frac{3{,}948}{7{,}104} \times \frac{2}{15}\left(1 - \frac{2}{15}\right)(-2 \times 3{,}948 + 11{,}052 + 2) = - 0{,}331 \text{ P}.$$

en appliquant les propriétés des foyers nous avons :

$$m_1 = -\frac{m_2}{2} = 0{,}518 \text{ P}, \qquad m_4 = -\frac{m_3}{2} = 0{,}165 \text{ P}.$$

La figure 36 donne la représentation graphique des moments, pour laquelle nous n'avons eu à calculer que la longueur

$$P \times \frac{13 \times 2}{15} = 1{,}732 \text{ P}.$$

Nous allons à présent considérer le cadre comme entiè

rement déchargé et soumis aux réactions changées de sens

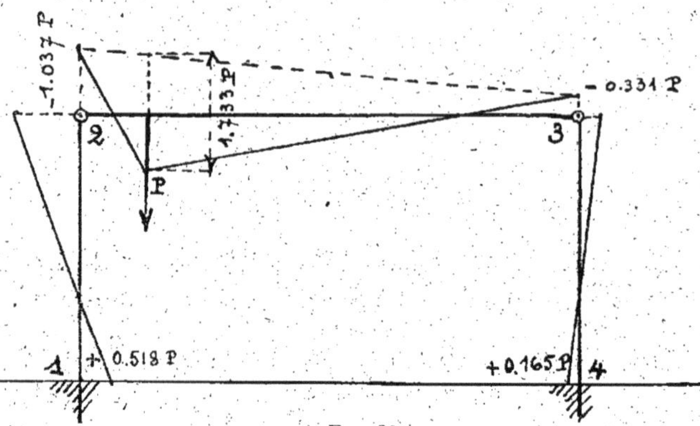

Fig. 36.

des broches (fig. 37). Nous ne considérons bien entendu que celles qui sont capables de produire un déplacement du système dans l'espace.

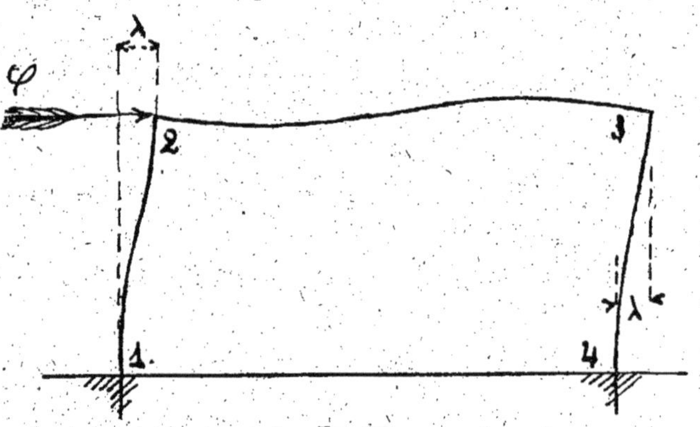

Fig. 37.

Pour la broche 2, nous avons :

$$F_2 = \frac{1{,}037\,P + 0{,}518\,P}{8} = 0{,}194\,P.$$

et pour la broche 3 :

$$F_3 = \frac{0{,}331\,P + 0{,}165\,P}{8} = 0{,}062\,P.$$

La force d'entraînement sera donc :

$$\varphi = F_2 - F_3 = 0{,}194\,P - 0{,}062\,P = 0{,}132\,P.$$

Nous allons calculer les foyers fixes de déplacement, en

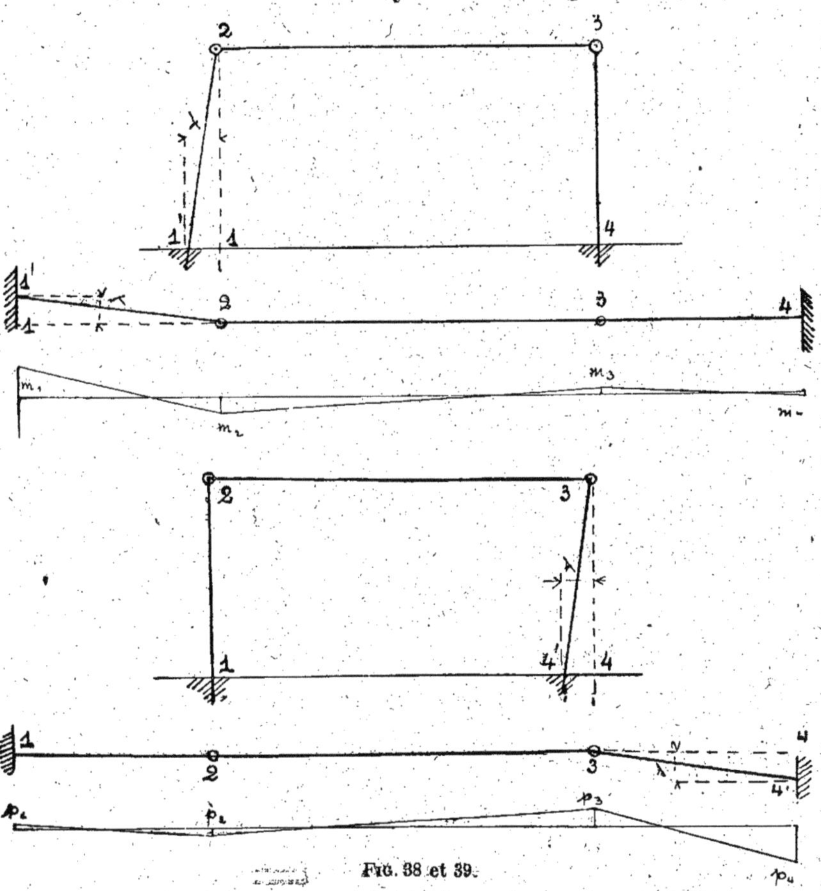

FIG. 38 et 39.

considérant le système comme ayant subi deux déformations successives ; la première, l'appui 1 se serait déplacé d'une longueur λ dans la direction 4-1, et la deuxième l'appui 4 se serait déplacé de la même longueur dans la même direction (fig. 38 et 39).

Pour le premier déplacement on a m_1, moment en 1, le le moment en 2 sera immédiatement trouvé en appliquant le principe des points neutres de Maurice Lévy, et connaissant les foyers (voir § 35) donc :

$$\frac{m_1}{m_2} = -\frac{2,667}{1,316} \qquad \text{d'où} : m_2 = -0,493\, m_1,$$

d'après les propriétés des foyers nous avons :

$$m_3 = -m_2 \times \frac{3,948}{11,052} m_1 = 0,176\, m_1,$$

et :

$$m_4 = -m_3 \times \frac{2,667}{5,333} m_1 = 0,088\, m_1.$$

pour le déplacement de l'appui 4, on a une série de moments p_1, p_2, p_3, p_4, mais comme le cadre est symétrique tant pour les dimensions que pour les moments d'inertie et les coefficients d'élasticité, nous pouvons écrire :

$$p_1 = -m_4, p_2 = -m_3, p_3 = -m_2, p_4 = -m_1 ;$$

d'où :

$$M_1 = m_1 + p_1 = m_1 - m_4 = m_1 + 0,088\, m_1 = 1,088\, m_1,$$
$$M_2 = m_2 + p_2 = m_2 - m_3 = -0.493\, m_1 - 0,176\, m_1 = -0,669\, m_1,$$

il en résulte que :

$$\frac{M_2}{M_1} = -\frac{0,669}{1,088} = -0,615,$$

donc finalement on a :

$$M_1 \qquad M_2 = -0,615\, M_1 \qquad M_3 = 0,615\, M_1 \qquad M_4 = -M_1.$$

Si nous appliquons maintenant le principe des forces équivalentes nous avons :

$$\varphi = \frac{M_1 - M_2}{h} + \frac{M_4 - M_3}{h} = -\frac{M_1 + 0,615\, M_1}{8} + \frac{-M_1 - 0,615\, M_1}{8}.$$

$$\varphi = -\frac{2(1 + 0,615)}{8} M_1 = \frac{1,615}{4} M_1,$$

d'où :

$$M_1 = -\frac{4}{1,615}\varphi = -2,476\,\varphi,$$
$$M_2 = 1,523\,\varphi.$$
$$M_3 = -1,523\,\varphi.$$
$$M_4 = +2,476\,\varphi$$

Les moments complémentaires à ajouter, sachant que : $\varphi = 0{,}132\,P$, seront donc : (fig. 40).

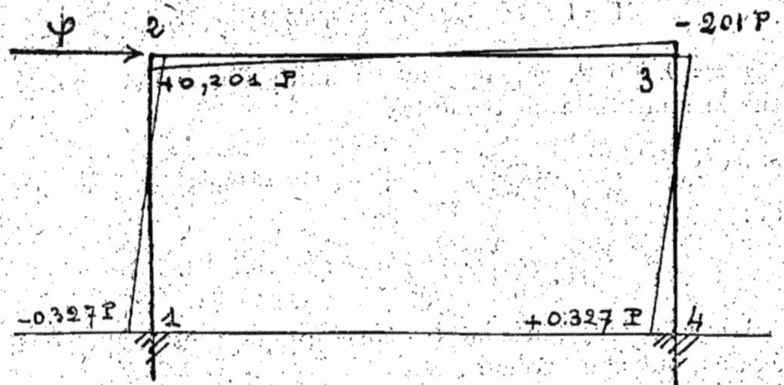

Fig. 40.

$$m'_1 = -2{,}476 \times 0{,}132\,P = -0{,}327\,P$$
$$m'_2 = +1{,}523 \times 0{,}132\,P = +0{,}201\,P$$
$$m'_3 = -1{,}523 \times 0{,}132\,P = -0{,}201\,P$$
$$m'_4 = +2{,}476 \times 0{,}132\,P = +0{,}327\,P.$$

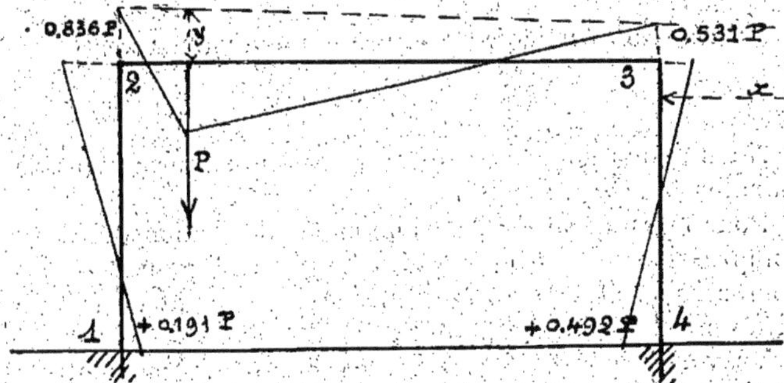

Fig. 41.

Les moments cherchés sont finalement (fig. 41) :

$$M_1 = m_1 + m'_1 = +0{,}518\,P - 0{,}327\,P = 0{,}191\,P$$
$$M_2 = m_2 + m'_2 = -1{,}037\,P + 0{,}201\,P = -0{,}836\,P$$
$$M_3 = m_3 + m'_3 = -0{,}331\,P - 0{,}201\,P = -0{,}531\,P$$
$$M_4 = m_4 + m'_4 = +0{,}165\,P + 0{,}327\,P = 0{,}492\,P.$$

Le moment au droit du point d'application de la force P, sera donné par l'expression :

$$M = 1,733\ P - 0,798\ P = 0,935\ P \text{ (fig. 41)}.$$

$y = 0.806$ P, calculé avec la suite d'opérations basée sur la similitude du triangle :

$$\frac{x}{0,531} = \frac{x + 15}{0,836} \qquad \text{d'où : } x = 26 \text{ m}.114$$

et :

$$\frac{y}{39,114} = \frac{0,836}{41,114} \qquad \text{d'où : } y = 0,798\ P.$$

Les réactions horizontales des appuis 1 et 4 qui sont égales, ont pour valeur :

$$H = \frac{M_1 - M_2}{8} = \frac{M_4 - M_3}{8} = \frac{0,836\ P + 0,191\ P}{8} = 0,128\ P.$$

La réaction verticale en 1, qui est la même qu'en 2 a pour expression :

$$R_2 + \frac{M_3 - M_2}{l} = \frac{13\ P}{15} + \frac{0,836\ P - 0,531\ P}{15} = 0,887\ P.$$

La réaction verticale en 4 aura comme valeur :

$$P - 0,887\ P = 0,113\ P.$$

Nous avons donc tous les éléments nous permettant de calculer ce cadre.

Pour le montant 1-2, en 1 moment de flexion 0,191 P, compression 0,887 P, effort tranchant 0,128 P ; en 2 mêmes compression et effort tranchant, mais moment de flexion différent et égal à — 0,836 P.

Traverse horizontale 2-3 ; au nœud 2 : moment de flexion négatif 0,836 P, compression 0,128 P, effort tranchant 0,887 P ;

Au point d'application de la force : moment de flexion positif égal à 0,935 P, compression 0,128 P, effort tranchant à gauche de ce point égal à 0,887 P, et à droite 0,113 P ;

Du point 3, moment de flexion négatif 0,531 P, compression 0,128 P, effort tranchant 0,113 P ;

Enfin pour le montant 3-4 ; en 3, moment de flexion négatif 0,531 P, compression 0,113P, effort tranchant 0,128 P ; au point 4, moment de flexion positif 0,492 P, effort tranchant 0,128 P et compression 0,113 P.

X. — *Cadre simple à rotule avec une console de traverse chargée.*

Nous considérons le cadre étudié à l'exercice III, mais la console de gauche seule est chargée (fig. 42).

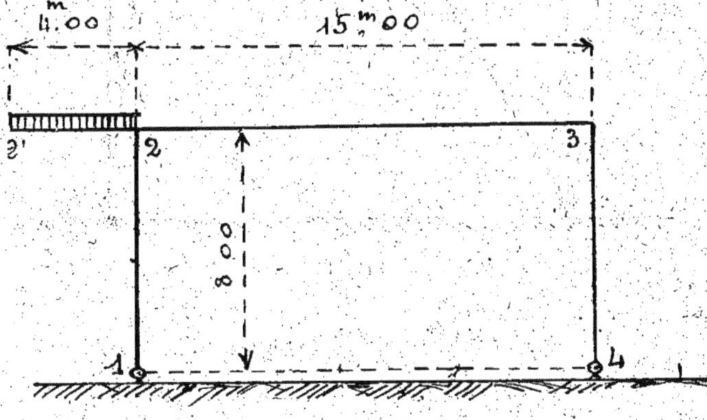

Fig. 42.

La portée est de 15 mètres, la hauteur des montants verticaux est de 8 mètres, la console qui a 4 mètres de longueur est uniformément chargée de p par mètre courant. Toutes les parties composant ce cadre ont mêmes moments d'inertie et coefficient d'élasticité. Conformément à notre méthode, nous prenons ce cadre comme étant à appuis fixes en plaçant des broches fictives en 2 et 3.

En étudiant le problème posé à l'exercice III nous avons obtenu les moments consignés sur la (figure 43) ci-après.

A ceux-ci devront être ajoutés ceux provoqués par les réactions horizontales changées de sens des broches 2 et 4, le système étant complètement déchargé, c'est-à-dire :

$$f_2 = \frac{M_1 - M_2}{h} = \frac{4,885\,p}{8} = 0,6106\,p.$$

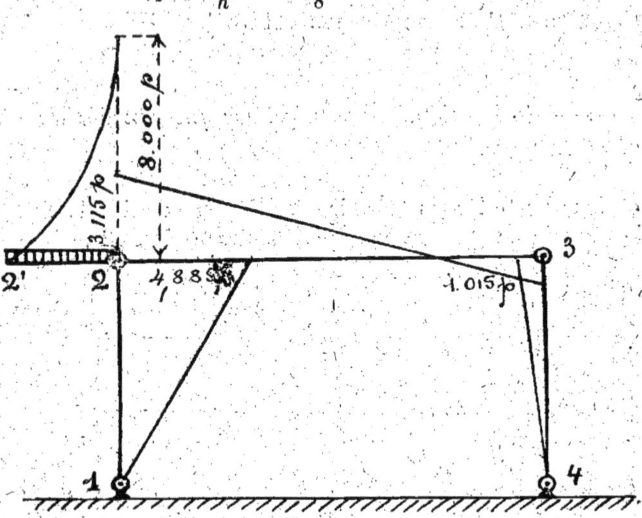

Fig. 43.

et

$$f_3 = \frac{M_4 - M_3}{h} = \frac{1,015\,p}{8} = 0,1269\,p.$$

$$\varphi = f_2 - f_3 = 0,6106\,p. - 0,1269\,p. = 0,4837\,p.$$

nous avons établi dans l'application VIII pour un cadre ayant les mêmes dimensions que les moments en 2 en 3 étaient :

$$m'_2 = -m'_3 = 4\,\varphi.$$

donc pour notre cas

$$m'_2 = 4 \times 0,4837 = 1,9348\,p.$$

nous pouvons écrire :

$$M_{2A} = 4,885\,p - 1,935\,p = 2,950\,p.$$
$$M_{2B} = -3,115\,p - 1935\,p = 5,050\,p.$$
$$M_3 = +1,015\,p + 1,935\,p = 2,950\,p.$$

La réaction verticale ascendante en 2 devient :

$$8,000\,p + \frac{5,050\,p + 2,950\,p}{1,500} = 8,535\,p.$$

celle horizontale est au même point dirigée de gauche à droite

$$\frac{2,950\ p}{8} = 0,369\ p.$$

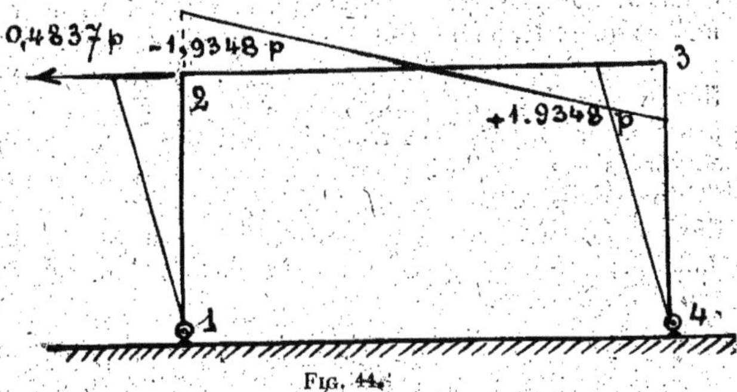

Fig. 44.

Les réactions des appuis 1 et 4 ont même valeur.

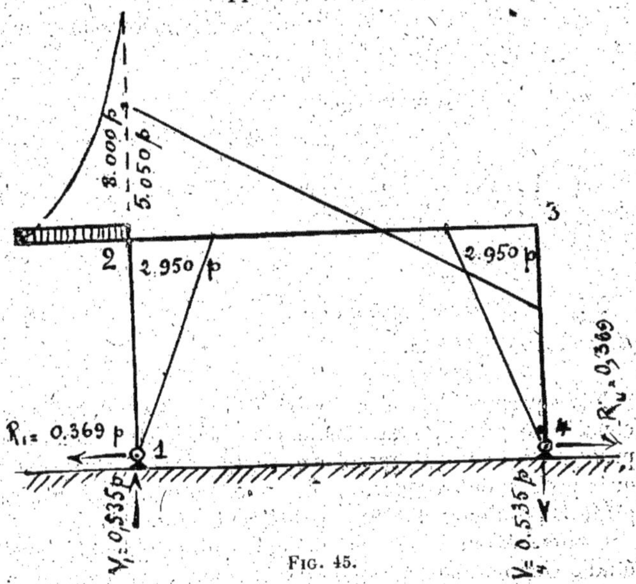

Fig. 45.

En 4, la réaction verticale qui est descendante a pour valeur :

$$\frac{5,050\ p + 2,950\ p}{15,00} = 0,535\ p.$$

nous avons ainsi tous les éléments nécessaires au calcul de ce cadre.

Montant 1-2 : En 1, compression 8,535 p, effort tranchant 0,369 p; en 2, compression et effort tranchant les mêmes qu'en 1, moment de flexion positif 2,950 p.

Traverse horizontale 2-3; console, en 2, moment de flexion négatif : 8 p ; en 2, moment négatif 5,050 p., compression 0,369 p., effort tranchant 0,535 p. ; en 3 mêmes compressions et effort tranchant que pour 2, moment de flexion positif 2,950 ; p., montant 3-4 : en 3, moment de flexion positif 2,950 p., tension 0,535 p., effort tranchant 0,369 p. ; enfin à l'appui 4, tension de 0,535 p. et effort tranchant 0,369 p.

Remarque. — Si on prenait le même cadre avec une console symétrique à celle examinée et également chargée on obtiendrait les mêmes moments mais symétriquement disposés, en les additionnant algébriquement avec ceux de cette application on tomberait sur les mêmes moments que ceux trouvés à l'exercice III.

$$M_{2A} = 2{,}950\,p + 2{,}950\,p = +\,5{,}900\,p.$$
$$M_{2B} = 5{,}050\,p - 2{,}950\,p = -\,2{,}100\,p.$$

Ce qui est en quelque sorte une vérification des calculs de la présente application.

XI. — *Cadre simple à encastrements avec une console de montant chargée.*

Nous prenons le cadre étudié à l'exercice IV, mais la console de gauche étant seule chargée. Ce problème se présente notamment quand on cherche les efforts provoqués par un pont roulant, les deux consoles supportant, en pratique, toujours des efforts différents (fig. 46).

Conformément à notre méthode, le cadre est tout d'abord étudié comme étant à appuis fixes. Nous ne recommencerons pas ici les calculs établis à l'exercice IV, nous prions le lecteur de s'y reporter. Nous avons obtenu alors les résultats indiqués par la figure 47.

La réaction horizontale de la broche fictive du nœud 2, est obtenue en exprimant l'équilibre du montant 1-2 sous

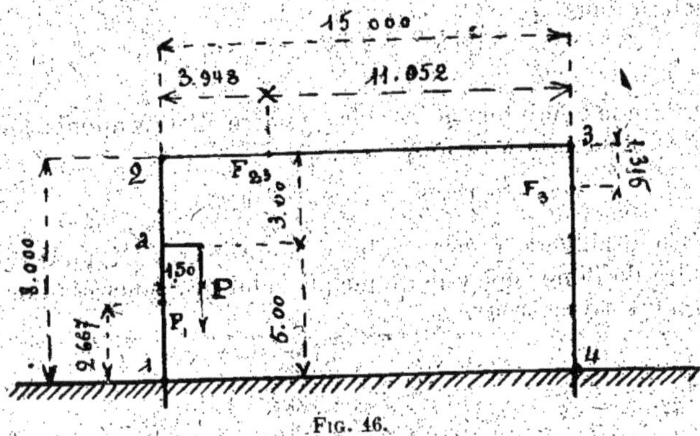

Fig. 46.

l'action des efforts qui agissent sur lui. Écrivons donc que la somme des moments prise par rapport au point 1 est nulle, nous avons :

$$+ 0,453\,P - 0,038\,P + 1,5\,P + R \times 8 = 0$$

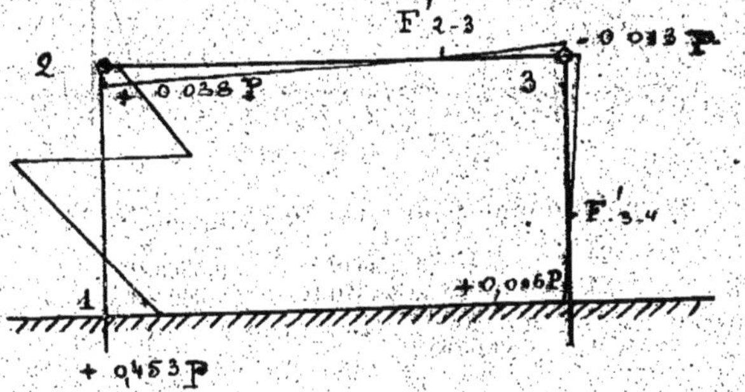

Fig. 47.

d'où nous tirons :

$$R = -\frac{1,5\,P}{8} - \frac{0,453\,P - 0,038\,P}{8} = -0,2394\,P.$$

Cette réaction a donc la direction 3-2.

La réaction horizontale de la broche fictive 3, est dirigée elle, suivant 2-3, ce que nous voyons à la simple inspection de ligne représentative des moments et elle a pour valeur :

$$\frac{0{,}013\ \text{P} + 0{,}006\ \text{P}}{8} = 0{,}0024\ \text{P}.$$

Prenons maintenant le cadre comme étant à appuis mobiles et soumis à la force

$$\varphi = 0{,}2394\ \text{P} - 0{,}0024\ \text{P} = 0{,}2370\ \text{P}.$$

Ce problème a été résolu à l'application IX pour un cadre de dimensions identiques à celui que nous étudions et nous avons trouvé :

$$\begin{aligned} M_1 &= -2{,}476\,\varphi \\ M_2 &= +1{,}523\,\varphi \\ M_3 &= -1{,}523\,\varphi \\ M_4 &= -2{,}476\,\varphi. \end{aligned}$$

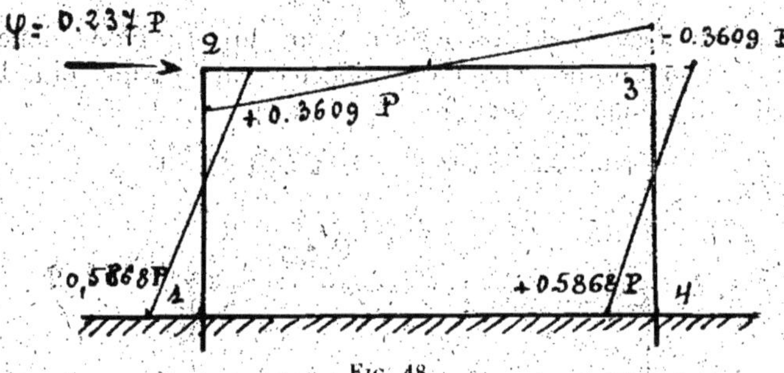

Fig. 48.

Ce qui nous donne pour notre cas (fig. 48) :

$$\begin{aligned} M_1 &= -2{,}476 \times 0{,}2370\ \text{P} = -0{,}5868\ \text{P} \\ M_2 &= +1{,}523 \times 0{,}2370\ \text{P} = +0{,}3609\ \text{P} \\ M_3 &= -0{,}3609\ \text{P} \\ M_4 &= +0{,}5868\ \text{P}. \end{aligned}$$

Désignons les moments réels cherchés par des lettres minuscules, nous obtenons finalement les expressions suivantes :

$$\begin{aligned} m_1 &= +0{,}4530\ \text{P} - 0{,}5868\ \text{P} = -0{,}1338\ \text{P} \\ m_2 &= +0{,}0380\ \text{P} + 0{,}3609\ \text{P} = +0{,}3989\ \text{P} \\ m_3 &= -0{,}0130\ \text{P} - 0{,}3609\ \text{P} = -0{,}3739\ \text{P} \\ m_4 &= +0{,}0060\ \text{P} + 0{,}5868\ \text{P} = +0{,}5928\ \text{P}. \end{aligned}$$

La réaction horizontale à l'appui 1 sera obtenue par un calcul analogue à celui que nous avons fait précédemment, c'est-à-dire en écrivant que le montant 1-2 est en équilibre sous l'action des efforts qui agissent sur lui, et en prenant la somme des moments par rapport au point 2.

$$-0{,}134\,P + R_1 \times 8 + 1{,}50 \times P = 0{,}400\,P$$

d'où :

$$R_1 = -\frac{1{,}50\,P}{8} + \frac{0{,}400 + 0{,}134}{8} = -0{,}121\,P.$$

La connaissance de cette réaction va nous permettre de tracer la ligne représentative des moments entre 1 et 2

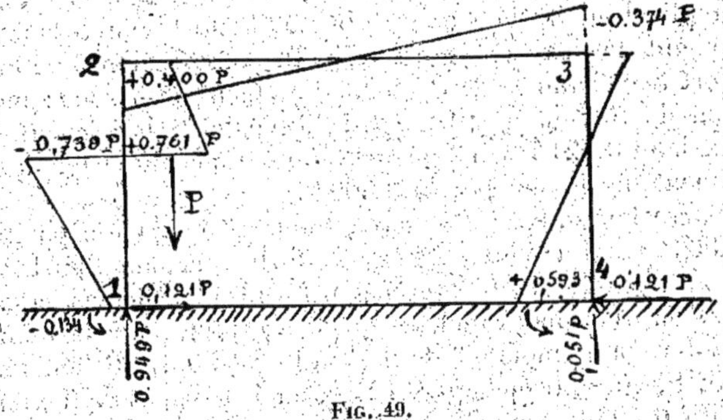

Fig. 49.

(fig. 49). Au point d'attache de la console, et immédiatement au voisinage de celle-ci, le moment sera :

$$m_a = -0{,}134\,P - 5 \times 0{,}121\,P = -0{,}739\,P$$

Mais tout de suite au-dessus il a pour valeur :

$$-0{,}739\,P + 1{,}50\,P = +0{,}761\,P.$$

La réaction de la barre horizontale du point 2 sera obtenue en écrivant l'équilibre de 1-2, et en prenant le moment des efforts par rapport au point 1, c'est-à-dire :

$$-0{,}134 = -1{,}50 \times P - 0{,}400\,P + R_1 \times 8$$

ce qui nous fait retomber sur 0,121 P, qui est égal d'autre part, à :

$$\frac{0{,}374\,P + 0{,}593\,P}{8} = 0{,}121\,P.$$

et lui fait équilibre au point 3.

Les réactions verticales en 2 et 3 qui se transmettent en 1 et 4, ont pour valeur :

$$\frac{0{,}400\ P + 0{,}374\ P}{15} = 0{,}051\ P.$$

Celle de gauche dirigée de haut en bas, celle de droite en sens inverse ; mais celle de gauche a cette valeur jusqu'à la console, et au-dessous de celle-ci elle devient :

$$P - 0{,}051\ P = 0{,}949\ P.$$

Nous avons ainsi tous les éléments de calcul du cadre :

Pour le montant 1-2, en 1, moment négatif de 0,134 P, compression 0,949 P, effort tranchant 0,121 P ; au point d'application de la console, immédiatement au-dessous : moment de flexion négatif 0,739 P, compression 0,949 P, effort tranchant 0,121 P ; immédiatement au-dessus : moment de flexion négatif 0,761 P, tension 0,051 P, effort tranchant 0,121 P ; en 2, mêmes effort tranchant et tension, moment de flexion positif 0,400 P.

Barre horizontale 2-3 ; en 2, moment de flexion positif 0,400 P, compression 0,121 P, effort tranchant 0,151 P ; en 3, moment de flexion négatif 0,374 P, mêmes compression et effort tranchant qu'en 2 ; enfin, pour le montant 3-4, en 3, moment de flexion négatif 0,374 P, tension 0,051 P, effort tranchant 0,121 P, en 4, moment de flexion positif 0,593 P, tension et effort tranchant comme en 2.

Remarque. — Si on prenait le même cadre avec une console symétrique à celle examinée et également chargée, on obtiendrait les mêmes moments mais symétriquement disposés, en les ajoutant algébriquement avec ceux de cette application, on tomberait sur les mêmes moments que ceux trouvés à l'exercice IV. Ce qui est en quelque sorte une vérification des calculs de la présente application.

CADRE DOUBLE SYMÉTRIQUE

XII. — *Les trois appuis sont encastrés ; la traverse horizontale est soumise sur une des travées seulement à une charge uniformément répartie de p. par mètre courant.*

Soit donc le cadre double symétrique (fig. 50) 1, 2, 3,

4, 5, 6, identique à celui que nous avons étudié à l'application V, et pour lequel nous avons calculé les foyers $F_{1\text{-}2}$, $F_{2\text{-}3}$, $F'_{3\text{-}4}$, $F_{3\text{-}5}$. Pour l'étude que nous avons en vue la connaissance des foyers $F_{3\text{-}4}$ et $F_{5\text{-}6}$ est nécessaire.

Pour avoir l'ordonnée du foyer $F_{3\text{-}4}$ nous ferons l'ap-

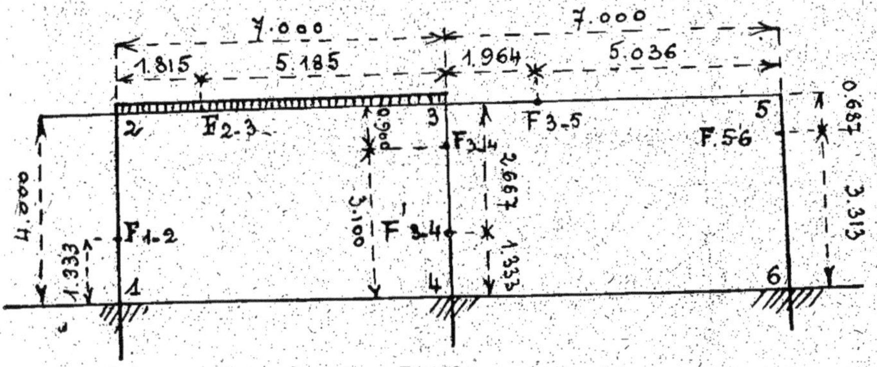

Fig. 50.

plication des formules établies au paragraphe 47, dans lesquelles nous avons :

$$V_n = 7 \text{ m.} - 1 \text{ m. } 815 = 5{,}185.$$

$$K_n = \frac{E_{n+1}\, I_{n+1}\, l_n}{E_n.\, I_n.\, l_{n+1}} = 1$$

$$K_{n+1} = \frac{E_{n+2}\, I_{n+2}\, l_n}{E_n.\, I_n.\, l_{n+2}} = \frac{7}{4}.$$

$$U_{n+2} = 4\left[\frac{1 \times \left(3 - \frac{7}{5{,}185}\right) + 3 - \frac{7}{5{,}185}}{3\left(3\,\frac{7}{5{,}185} + 3 - \frac{7}{5{,}185}\right) + \frac{7}{4}\left(3 - \frac{7}{5{,}185}\right)\left(3 - \frac{7}{5{,}185}\right)}\right]$$

Ce qui nous donne $U_{n+2} = 0$ m. 900.

Le calcul du foyer $F_{5\,6}$ se fera à l'aide des formules établies au § 34, $K_n = \frac{7}{4} = 1{,}75$

$$U_{n+1} = \frac{5{,}036 \times 4}{3 \times 5{,}036 \times 2{,}75 - 7 \times 1{,}75} = 0 \text{ m, } 687.$$

Nous prenons tout d'abord la construction comme étant à appuis fixes, nous avons ainsi à traiter un problème qui a déjà été résolu à l'exercice V et qui est consigné dans la figure 2.

Nous passons de ces résultats à la construction à ap-

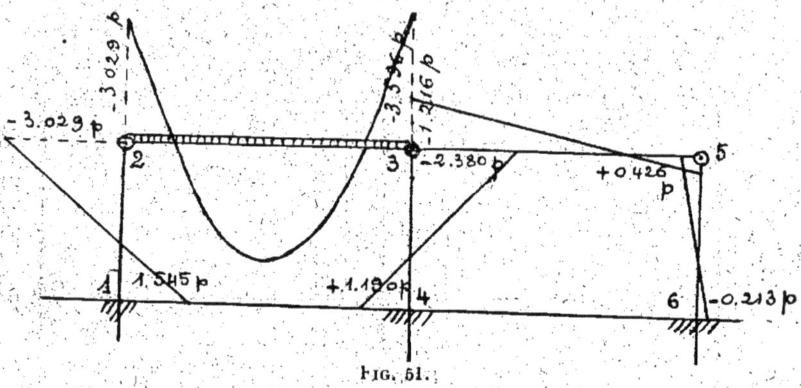

FIG. 51.

puis mobiles ; il nous faut pour cela connaître les réactions horizontales des broches 2, 3 et 5.

Celles-ci ont pour valeur en 2 :

$$\frac{M_1 - M_2}{h} = \frac{1,5145\,p + 3,029\,p}{4} = 1,136\,p.$$

en 3 :

$$\frac{M_4 - M_{3B}}{h} = \frac{1,190\,p + 2,380\,p}{4} = 0,892\,p$$

en 5 :

$$\frac{M_6 - M_5}{h} = -\frac{0,213\,p - 0,426\,p}{4} = -0,159\,p.$$

Les directions de ces forces sont connues sans chance d'erreurs à la simple inspection de la représentation graphique de la figure 51 et nous avons la force d'entraînement qui est :

$$\varphi = 1,136\,p + 0,159\,p - 0,892\,p = 0,403\,p.$$

Cette force appliquée en 2, suivant la direction de la traverse et de gauche à droite (fig. 52) provoquera des moments supplémentaires que nous allons calculer. Cette opération se fera simplement à l'aide des principes que nous avons établis et des formules de notre traité général.

En effet la déformation du cadre donné, sous l'action de

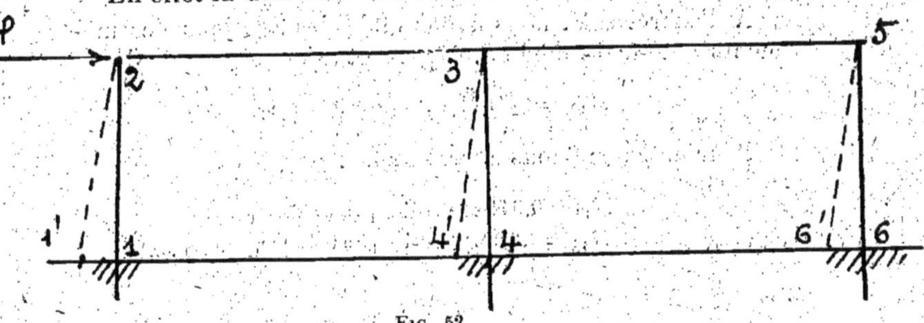

Fig. 52.

la force d'intensité φ, et représentée schématiquement par la figure 52, peut être regardée comme provenant de trois déformations successives ; la première l'appui 1 venu en 1', en se déplaçant d'une longueur λ ; la deuxième 4 venu en 4' se déplaçant de la même longueur ainsi que pour l'appui 6 venu en 6'.

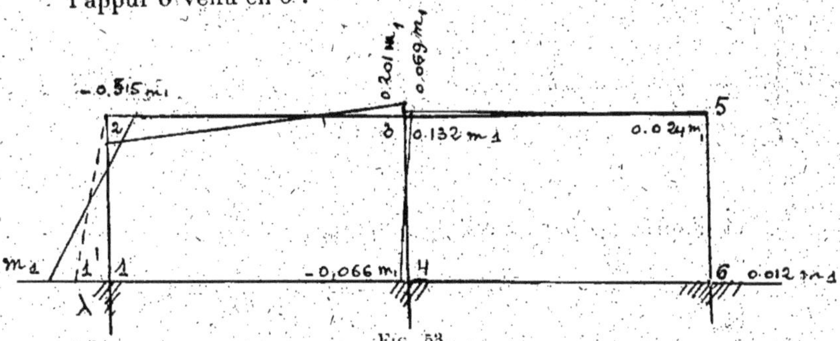

Fig. 53.

Pour la première (fig. 53), si nous désignons par m_1 le moment en 1 provoqué par le déplacement λ de 1 en 1', d'après la propriété des points neutres nous avons :

$$\frac{m_1}{m_2} = -\frac{1,333}{0,687}$$

d'où :

$$m_2 = -\frac{0,687}{1,333} = -0,515\, m_1.$$

d'après les propriétés des foyers on a :

$$m_{3A} = -m_2 \times \frac{1,964}{5,036} = +0,515 \times \frac{1,964}{5,036} m_1 = 0,201\, m_1.$$

A l'exercice V, nous avons établi les relations des moments autour du nœud 3, M_{3A} étant donné :

$$M_{3B} = 0,341\, M_{3A}\ ,\ M_{3C} = 0,659\, M_{4A}$$

Pour notre cas nous aurons donc :

$$M_{3B} = 0,341 \times 0,201\, m_1 = 0,069\, m_1$$
$$M_{3C} = 0,659 \times 0,201\, m_1 = 0,132\, m_1$$

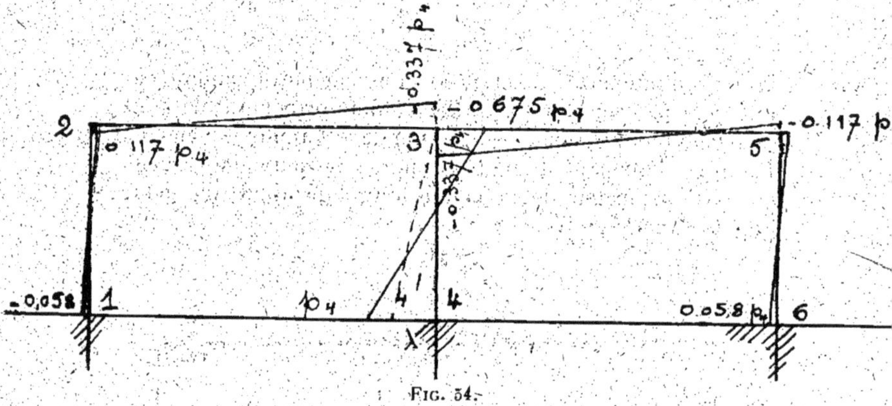

Fig. 54.

et d'après les propriétés des foyers :

$$m_4 = -\frac{m_{3C}}{2} = -0,066\, m_1\ ,\ m_5 = -m_{3B} \times \frac{1,815}{5,185} = -0,024\, p_1$$

et :

$$m_6 = -\frac{0,024}{2} m_1 = +0,012\, m.$$

Examinons maintenant la 2e déformation (fig. 54) celle produite par le déplacement de 4 en 4', désignons par p_4 le moment résultant en 4 ; pour les mêmes raisons que celles exposées pour le montant 1-2, nous avons :

$$p_{3C} = -\frac{0,900}{1,333} p_4 = -0,675\, p_4.$$

Nous avons en appliquant les formules du paragraphe 51 :

$$\alpha_a = \frac{U_a}{V_a} = \frac{1,815}{5,185} \qquad \alpha'_b = \frac{V'_b}{U'_b} = \frac{1,815}{5,185}$$

$$\rho = -\frac{2-\alpha'_b}{2-\alpha_a} = -1$$

c'est-à-dire que :

$$p_{3A} = -p_{3B}$$

d'où :

$$p_{3A} = \frac{\rho}{\rho-1} p_{3C} = -\frac{1}{2} = 0,5\, p_{3C} = -0,5 \times 0,675\, p_4 = -0,337\, p_4,$$

$$p_{3B} = \frac{1}{\rho-1} p_{3C} = -\frac{1}{2} = -0,5\, p_{3C} = +0,5 \times 0,675\, p_4 = 0,337\, p_4,$$

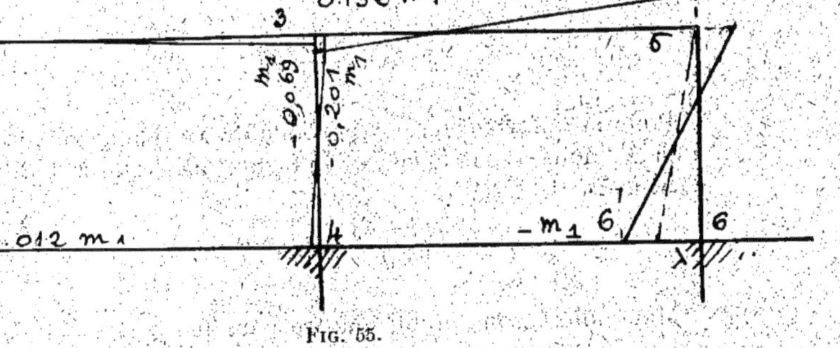

FIG. 55.

nous avons ensuite :

$$p_2 = \frac{1,815}{5,185} \times 0,337\, p_4 = 0,117\, p_4,$$

$$p_1 = -\frac{m_2}{2} = -0,058\, p_4,$$

on a de même :

$$m_5 = -0,117\, p_4 \text{ et } m_6 = 0,058\, p_4.$$

Pour la troisième déformation (fig. 55), eu égard à la symétrie de la figure par rapport au montant 3-4, la série des moments q est la même que celle de m et nous avons ainsi :

$$q_6 = -m_1 \quad q_5 = -m_2 \quad q_{3B} = -m_{3A} \quad q_{3C} = m_{3C}$$
$$q_4 = m_4 \quad q_{3A} = -m_{3B} \quad q_2 = -m_5 \quad q_1 = -m_6.$$

Il ne nous reste maintenant qu'à établir la relation qui existe entre m_1 et p_4.

Pour cela nous appliquerons les relations établies au paragraphe 31 pour le cas de la figure 43 où on a :

$$\frac{2M_o + M_1}{6E_1I_1} + \frac{\lambda}{l_1^2} = 0$$

$$M_o = m_1 , \; M_1 = m_2.$$

Mais nous avons établi précédemment que $m_2 = -0.515\, m_1$. Nous avons donc la relation :

$$\frac{2\,m_1 - 0{,}515\, m_1}{6\,E_1I_1} + \frac{\lambda}{4^2} = 0$$

d'où :

$$m_1 = -\frac{\lambda \times 6\; E_1I_1}{4^2 \times 1{,}485} \qquad (1)$$

Pour la déformation correspondante au déplacement de 4 en 4′, nous avons le cas de la figure 40 de notre traité, c'est-à-dire :

$$\frac{2\,p_4 + p_{3c}}{6\,E_1I_1} - \frac{\lambda}{4^2} = 0$$

Mais nous avons établi d'autre part que $p_{3c} = -0{,}675$ p ;

Nous en tirons :

$$p_4 = -\frac{\lambda \times 6\; E_1I_1}{4^2 \times 1{,}425} \qquad (2)$$

Divisons membre à membre les expressions (1) et (2) nous obtenons :

$$\frac{m_1}{p_4} = -\frac{1{,}425}{1{,}485}$$

et :

$$p_4 = -\frac{1{,}485}{1{,}425}\, m_1,$$

finalement :

$$p_4 = -1{,}042\, m_1.$$

Tous les moments dus à la déformation du montant

3-4 exprimés en fonction du moment m_1, auront donc la valeur :

$$p_4 = -1.042\, m_1$$
$$p_{3C} = 0{,}675 \times 1{,}042\, m_1 = 0{,}703\, m_1$$
$$p_{3A} = +0{,}337 \times 1.042 = 0{,}351\, m_1$$
$$p_{3B} = -0{,}337 \times 1.042 = -0{,}351\, m_1$$
$$p_2 = -0{,}117 \times 1.042 = -0{,}121\, m_1$$
$$p_1 = +0{,}058 \times 1.042 = +0{,}060\, m_1$$
$$p_5 = +0{,}121\, m_1$$
$$p_6 = -0{,}060\, m_1.$$

Ce qui nous conduit à avoir finalement :

$$M'_1 = m_1 + 0{,}060\, m_1 - 0{,}012\, m_1 = 1.048\, m_1$$
$$M'_2 = -0{,}515\, m_1 - 0{,}121\, m_1 + 0{,}024\, m_1 = -0{,}612\, m_1$$
$$M'_{3A} = 0{,}201\, m_1 + 0{,}351\, m_1 - 0{,}069\, m_1 = 0{,}483\, m_1$$

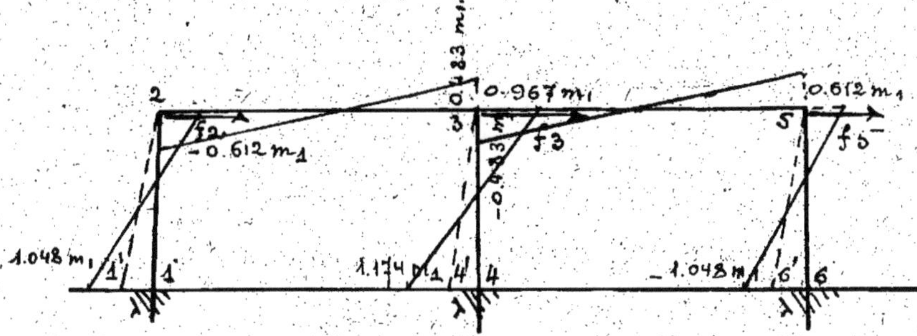

Fig. 56.

$$M_{3C} = 0{,}132\, m_1 + 0{,}703\, m_1 + 0{,}132\, m_1 = 0{,}967\, m_1$$
$$M'_{3B} = 0{,}069\, m_1 - 0{,}351\, m_1 - 0{,}201\, m_1 = -0{,}483\, m_1$$
$$M'_4 = -0{,}066\, m_1 - 1.042\, m_1 - 0{,}066\, m_1 = 1.174\, m_1$$
$$M'_5 = -0{,}024\, m_1 + 0{,}121\, m_1 + 0{,}515\, m_1 = +0{,}612\, m_1$$
$$M'_6 = +0{,}012\, m_1 - 0{,}060\, m_1 = 1.048\, m_1.$$

Nous avons trois forces horizontales équivalentes f_2, f_3 et f_5 (fig. 56) appliquées aux broches fictives 2, 3 et 5 et qui ont respectivement comme expressions :

$$\frac{M'_1 - M'_2}{h} = f_2\,, \quad \frac{M'_4 - M'_{3C}}{h} = f_3 \quad \text{et} \quad \frac{M'_6 - M'_5}{h} = f_5,$$

dont la somme algébrique donne l'intensité φ de la force provoquant le déplacement.

C'est-à-dire :

$$\varphi = \frac{1{,}048\ m_1 + 0{,}612\ m_1}{4} + \frac{1{,}174\ m_1 + 0{,}967\ m_1}{4}$$

$$+ \frac{1{,}048\ m_1 + 0{,}612\ m_1}{4} = \frac{6{,}461\ m_1}{4}$$

d'où :

$$m_1 = \frac{4\varphi}{6{,}461} = 0{,}619\ \varphi,$$

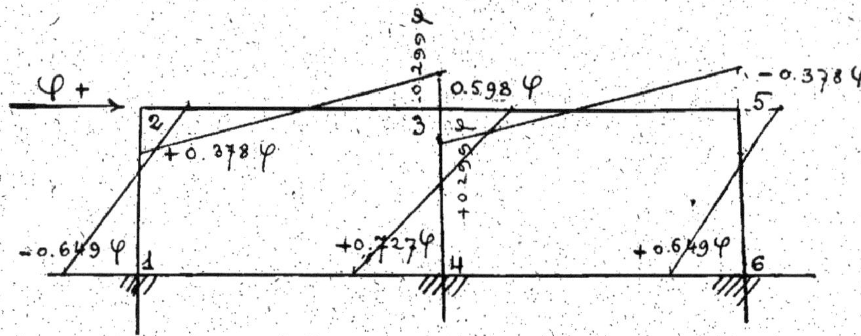

Fig. 57.

m_1 étant négatif, φ étant la valeur absolue nous avons en réalité :

$$M'_1 = 1{,}048\ m_1 = -0{,}649\ \varphi$$
$$M'_2 = -0{,}612\ m_1 = +0{,}378\ \varphi$$
$$M'_{3A} = 0{,}483\ m_1 = -0{,}299\ \varphi$$
$$M'_{3C} = 0{,}967\ m_1 = -0{,}598\ \varphi$$
$$M'_{3B} = -0{,}483\ m_1 = +0{,}299\ \varphi$$
$$M'_4 = +0{,}174\ m_1 = +0{,}727\ \varphi$$
$$M'_5 = 0{,}612\ m_1 = -0{,}378\ \varphi$$
$$M'_6 = -1{,}048\ m_1 = +0{,}649\ \varphi \text{ (fig. 57).}$$

Nous avons établi précédemment que $\varphi = 0{,}403\ p$, d'où :

$$M'_1 = -0{,}261\ p,\quad M'_2 = 0{,}152\ p$$
$$M'_{3A} = -0{,}120\ p,\quad M'_{3C} = -0{,}240\ p$$
$$M'_{3B} = 0{,}120\ p,\quad M'_4 = 0{,}293\ p$$
$$M'_5 = -0{,}152\ p, \text{ et } M'_6 = 0{,}261\ p.$$

Les moments cherchés sont (fig. 58) :

$$M_1 + M'_1 = +1{,}515\ p - 0{,}261\ p = 1{,}253\ p$$
$$M_2 + M'_2 = -3{,}029\ p + 0{,}152\ p = -2{,}877\ p$$

$$M'_{3A} + M'_{3A} = -3{,}596\,p - 0{,}120\,p = 3{,}716\,p$$
$$M_{3C} + M'_{3C} = -2{,}380\,p - 0{,}240\,p = -2{,}620\,p$$
$$M_4 + M'_4 = 1{,}190\,p + 0{,}293\,p = 1{,}483\,p$$
$$M_{3B} + M'_{3B} = -1{,}216\,p + 0{,}120\,p = -1{,}096\,p$$
$$M_5 + M'_5 = +0{,}426\,p - 0{,}152\,p = 0{,}274\,p$$
$$M_6 + M'_6 = -0{,}213\,p + 0{,}261\,p = 0{,}047\,p.$$

Si nous prenions une charge identique sur la travée

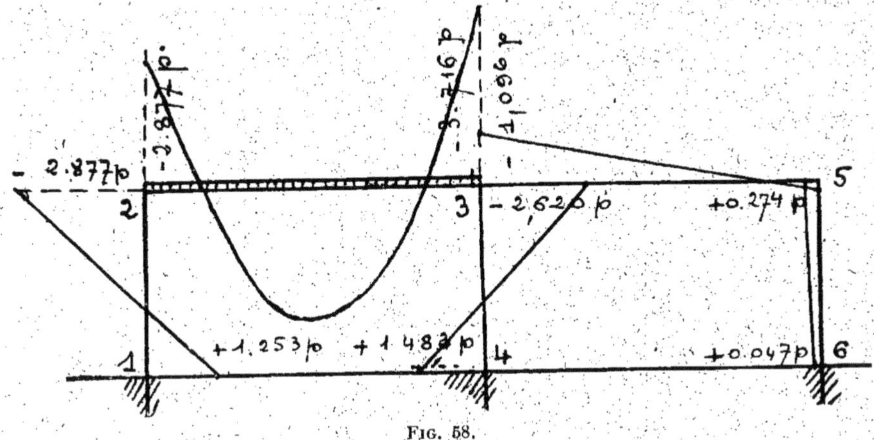

Fig. 58.

4-5, et que nous ajoutions les résultats de ce cas à ceux que nous venons de calculer, nous trouverions à nouveau ce que nous avons établi à l'application V, ce qui donne une vérification de nos calculs.

CADRE SYMÉTRIQUE A CINQ TRAVÉES

XIII. — *Les six appuis sont encastrés, la traverse horizontale est soumise à une force horizontale d'intensité F.*

Prenons le cadre que nous avons étudié à l'application VII, dont les montants verticaux ont 4 mètres, les travées sont toutes de 7 mètres de portée, et pour lequel on fait l'hypothèse que les moments d'inertie et les coefficients d'élasticité sont constants dans toute la construction (fig. 59).

Nous avons déjà déterminé les positions des foyers, sauf

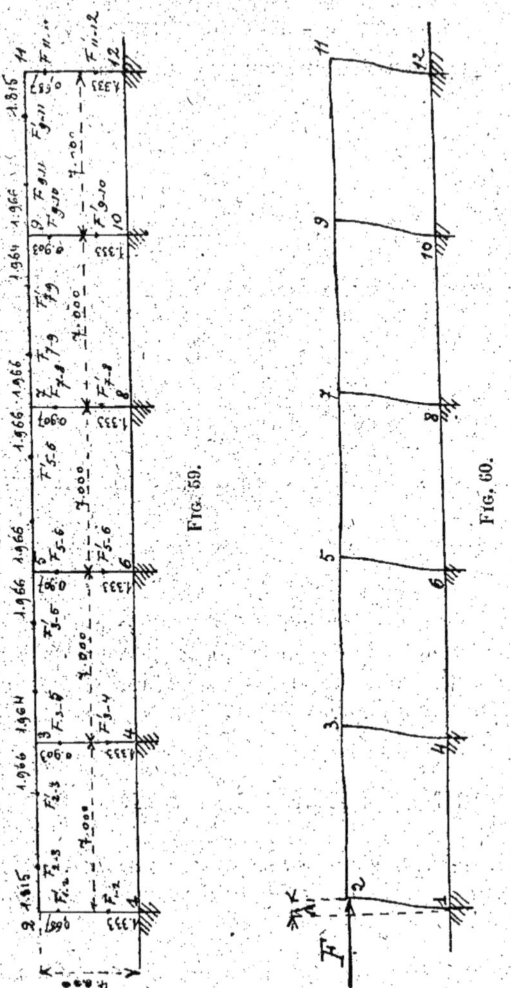

Fig. 59.

Fig. 60.

$F'_{1\text{-}2}$, $F_{3\text{-}4}$, $F_{5\text{-}6}$, $F_{7\text{-}8}$, $F_{9\text{-}10}$ et $F_{11\text{-}12}$, dont nous allons calculer ci-après les ordonnées.

Pour $F'_{1\text{-}2}$, dont la position est symétrique de $F_{11\text{-}12}$, nous ferons emploi des formules du paragraphe 34 de notre traité et qui sont :

$$U_{n+1} = \frac{V_n \cdot l_{n+1}}{3\,V_n\,(k_n + 1) - l_n\,k_n}$$

ou :

$$K_n = \frac{E_{n+1}\,I_{n+1}\,l_n}{E_n\,I_n\,l_{n+1}}.$$

Nous avons ici :

$$E_{n+1} = E_n \quad , \quad I_{n+1} = I_n \quad ,$$

$$l_n = 7{,}000\,m \quad , \quad l_{n+1} = 4{,}000\,m,$$

d'où :

$$K_n = \frac{7}{4} = 1{,}75$$

$$V_n = 7 - 1{,}966 = 5{,}034$$

$$V_{n+1} = \frac{5{,}034 \times 4}{3 \times 5{,}034 \times 2{,}75 - 7 \times 1{,}75} = 0{,}687.$$

Les autres foyers sont obtenus en appliquant les formules du paragraphe 47 de notre traité qui sont :

$$\frac{E_{n+1}\,I_{n+1}\,l_n}{E_n\,I_n\,l_{n+1}} = K_n$$

$$\frac{E_{n+2}\,I_{n+2}\,l_n}{E_n\,I_n\,l_{n+2}} = K_{n+1}$$

et

$$U_{n+2} = l_{n+2} \times \frac{K_n\left(3 - \frac{l_n}{V_n}\right) + 3 - \frac{l_{n+1}}{U'_{n+1}}}{3\,N + K_{n+1}\left(3 - \frac{l_n}{V_n}\right)\left(3 - \frac{l_{n+1}}{U'_{n+1}}\right)}$$

(en désignant par N le numérateur).

$$l_n = 7\text{ m} \quad , \quad l_{n+1} = 7\text{ m} \quad , \quad l_{n+2} = 4\text{ m}.$$

$$E_n = E_{n+1} = E_{n+2}$$

$$I_n = I_{n+1} = I_{n+2}$$

par hypothèse.

Nous avons donc :

$$k_n = \frac{l_n}{l_{n+1}} = 1$$

$$k_{n+1} = \frac{l_n}{l_{n+2}} = \frac{7}{4} = 1,75.$$

Pour $F_{3\text{-}4}$ et $F_{9\text{-}10}$, nous avons :

$$V_n = 7 - 1,815 = 5.185$$

$$V'_{n+1} = 7 - 1,966 = 5.034$$

ce qui nous donne :

$$V_{n+2} = 4 \times \frac{1,650 + 1.609}{3(1,650 + 1,609) + 1,75 \times 1,650 \times 1,609} = 0,903$$

Pour $F_{5\text{-}6}$ et $F_{7\text{-}8}$, nous avons :

$$V_n = 7 - 1,964 = 5,036$$

$$U'_{n+1} = 7 - 1,966 = 5,034$$

$$U_{n+2} = 4 \times \frac{1,611 + 1.609}{3(1,611 + 1,603) + 1,75 \times 1,611 \times 1,609} = 0,907.$$

Sous l'action de la force F, le cadre prendra une déformation schématique représentée par la figure 60, que l'on pourra regarder comme la suite de déplacements successifs des appuis 1, 4, 6, 8, 10, 12 vers la gauche d'une longueur λ (fig. 61).

Nous allons, en premier lieu, prendre l'appui 1 et examiner quels seront les moments qui seraient provoqués par le déplacement de 1 en 1′, tous les autres appuis restant fixes, les nœuds étant munis de broches fictives ne permettant qu'une rotation autour d'elles, mais paralysant tout déplacement dans l'espace (fig. 62).

D'après les propriétés des points neutres, nous aurons :

$$\frac{m_2}{m_1} = -\frac{0,687}{1,333}$$

d'où :

$$m_2 = -\frac{0,687}{1,333} \quad m_1 = -0,515\ m_1$$

$$m_{3A} = -m_2 \times \frac{1,966}{5,034} = 0,515\ m_1 \times 0,3905 = 0,201\ m_1.$$

Pour les répartitions des moments autour du nœud 3,

nous avons trouvé, en nous servant des formules du paragraphe 49 de notre traité :

$$M_{3B} = M_{3A} \times 0,347$$

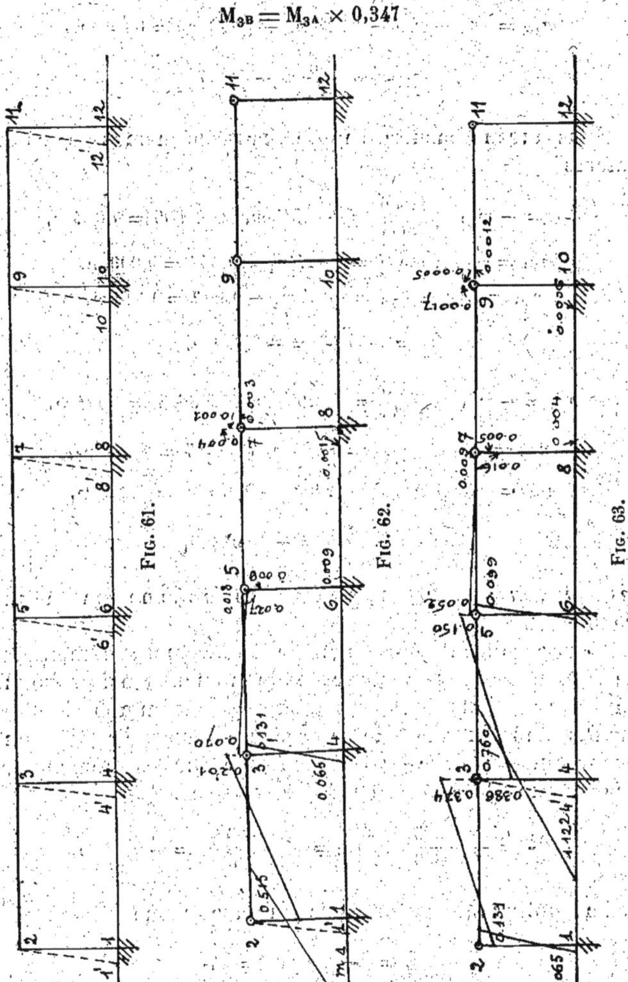

FIG. 61. FIG. 62. FIG. 63.

ici :

$$M_{3A} = 0,201 \; m_1,$$

nous aurons donc :

$$m_{3B} = 0,201\ m_1 \times 0,347 = 0,070\ m_1$$

$$m_{3C} = m_{3A} - m_{3B} = 0,201\ m_1 - 0,070\ m_1 = 0,131\ m_1$$

$$m_4 = -\frac{m_{3C}}{2} = -0,065$$

Nous aurons ensuite, en effectuant les mêmes séries de calculs :

$$m_{5A} = -m_{3B} \times \frac{1,966}{5,034} = -0,070\ m_1 \times 0,3905 = 0,027\ m_1$$

$$m_{5B} = M_{5A} \times 0,347 = 0,027\ m_1 \times 0,347 = 0,009\ m_1$$

$$m_{5C} = M_{5A} - M_{5B} = 0,027\ m_1 - 0,009 = 0,018\ m_1$$

$$m_6 = -\frac{m_{5C}}{2} = -0,009\ m_1$$

$$m_{7A} = -m_{5B} \times \frac{1,966}{5,034} = -0,009\ m_1 \times 0,3905 = 0,004\ m_1$$

$$m_{7B} = m_{7A} \times 0,347 = 0,004\ m_1 \times 0,347 = 0,001\ m_1$$

$$m_{7C} = m_{7A} - m_{7D} = 0,004\ m_1 - 0,001\ m_1 = 0,003\ m_1$$

$$m_8 = -\frac{m_{7C}}{2} = -0,0015\ m_1$$

m_9, m_{10}, m_{11} et m_{12} inférieurs à un millième sont négligeables.

Nous prendrons maintenant le déplacement élémentaire de l'appui 4 et nous désignerons le moment ainsi provoqué en 4 par p_4. Tous les autres appuis restant immobiles et les nœuds étant fixés à l'aide de broches fictives (fig. 63). Nous avons ainsi la suite de calculs basée sur les mêmes propriétés que celles précédemment exposées.

$$\frac{p_{3C}}{p_4} = -\frac{0,903}{1,333} \qquad p_{3E} = -\frac{0,903}{1,333}\ p_4 = -0,677\ p_4$$

et en appliquant les formules du paragraphe 51 :

$$\alpha_a = \frac{U_a}{V_A} \qquad \alpha'_b = \frac{V'_b}{U'_b}$$

$$U_a = 1,815 \qquad V_A = 7 - 1,815 = 5,185$$

$$\alpha_a = \frac{1,815}{5,185} = 0,350$$

$$V_b = 1{,}966 \qquad U'_c = 7 - 1{,}966 = 5{,}034$$

$$\alpha'_b = \frac{1{,}966}{5{,}034} = 0{,}391$$

$$\rho = -\frac{l_b}{l_a} \cdot \frac{E_a}{E_b} \cdot \frac{I_a}{I_b} \cdot \frac{2-\alpha'_b}{2-\alpha_a}$$

or

$$l_a = l_b$$

$$E_a = E_b \quad , \quad I_a = I_b$$

donc

$$\rho = -\frac{2-\alpha'_b}{2-\alpha_a} = \frac{2-0{,}391}{2-0{,}350} = -\frac{1{,}609}{1{,}650} = -0{,}975$$

d'où :

$$M_A = -\frac{\rho}{-\rho-1} \times M_c = \frac{0{,}975}{1{,}975} M_c = 0{,}493\, M_c$$

$$M_B = -M_c + 0{,}493\, M_c = -0{,}507\, M_c$$

Nous avons donc :

$$p_{3A} = 0{,}493\, p_{3c} = -0{,}677\, p_4 \times 0{,}493 = 0{,}333\, p_4$$

$$p_{3b} = -p_{3c} + p_{3A} = 0{,}677\, p_4 - 0{,}333\, p_4 = 0{,}344\, p_4$$

$$p_2 = -p_{3A} \times \frac{1.815}{5{,}185} = -0{,}333\, p_4 \times 0{,}350 = 0{,}117\, p_4$$

$$p_1 = -\frac{p_2}{2} = -0{,}058\, p_4$$

$$p_{5A} = -p_{3B} \times \frac{1.966}{5{,}034} = -0{,}344 \times 0{,}3905 = 0{,}134\, p_4$$

autour des nœuds, nous avons les mêmes formules que précédemment :

$$p_{5b} = p_{5A} \times 0{,}347 = -0{,}134\, p_4 \times 0{,}347 = -0{,}046\, p_4$$

$$p_{5c} = p_{5A} - p_{5B} = -0{,}134\, p_4 + 0{,}046\, p_4 = -0{,}088\, p_4$$

$$p_6 = -\frac{p_{5C}}{2} = 0{,}044\, p_4$$

$$p_{7A} = -p_{5B} \times \frac{1.966}{5.034} = +0{,}046\, p_4 \times 0{,}3905 = 0{,}014\, p_4$$

$$p_{7B} = p_{7A} \times 0{,}347 = 0{,}014\, p_4 \times 0{,}347 = 0{,}005\, p_4$$

$$p_{7C} = p_{7A} - p_{7B} = 0{,}014\, p_4 - 0{,}005\, p_4 = 0{,}009\, p_4$$

$$p_8 = -\frac{p_{7C}}{2} = 0{,}004\, p_4$$

$$p_{9A} = -0{,}005\, p_4 \times \frac{1{,}964}{5{,}036} = -0{,}0015\, p_4$$

$$p_{9B} = 0{,}0015\, p_4 \times 0{,}347 = 0{,}0005\, p_4$$

$$p_{9C} = p_{9A} - p_{9B} = 0{,}001\, p_4$$

et les autres moments, inférieurs à un millième, sont négligeables.

Nous passons au déplacement élémentaire de l'appui 6, le moment au droit de celui-ci étant désigné par q_6.

D'après les propriétés des points neutres, nous avons :

$$q_{5C} = -\frac{0,907}{1,333} \times q_6 = -0,680\, q_6.$$

Pour la répartition des moments, nous appliquerons comme pour p_{3C} les formules du paragraphe 51 de notre traité général.

$$U_a = 1,964 \qquad V'_b = 1,966$$
$$V_a = 5,036 \qquad U_b = 5,034$$
$$\alpha_a = \frac{1,964}{5,036} = 0,390 \qquad \alpha'_b = \frac{1,966}{5,034} = 0,390$$
$$\alpha_a = \alpha'_b$$

d'où :

$$\rho = -1 \quad \text{et} \quad M_A = \frac{1}{2} M_c$$

$$q_{5A} = -0,340\, q_6$$
$$q_{3B} = +0,390 \times 0,340 = 0,133\, q_6$$
$$q_{3A} = 0,341 \times 0,133\, q_6 = 0,045\, q_6$$
$$q_{3C} = -0,133\, q_6 + 0,045\, q_6 = -0,088\, q_6$$
$$q_4 = -\frac{q_{3C}}{2} = 0,044\, q_6$$
$$q_2 = -\frac{1,815}{5,185} \times q_{3A} = -0,016\, q_6$$
$$q_1 = -\frac{q_2}{2} = 0,008\, q_6$$
$$q_{5B} = -0,340\, q_6$$
$$q_{7A} = -q_{6B} \times 0,391 = 0,133\, q_6$$
$$q_{7B} = 0,347 \times q_{7A} = -0,046\, q_6$$
$$q_{7B} = 0,347 \times q_{7A} = -0,046\, q_6$$
$$q_{7C} = q_{7A} - q_{7B} = -0,133\, q_6 + 0,046\, q_6 = 0,087\, q_6$$
$$q_8 = -\frac{q_{7C}}{2} = 0,043\, q_6$$
$$q_{9A} = -q_{7B} \times 0,391 = 0,018\, q_6.$$

Pour le nœud 9, nous emploierons la répartition qui a déjà été indiquée à l'application V.

$$q_{9B} = 0,341\, q_{9A} = 0,006\, q_6$$
$$q_{9C} = 0,018\, q_6 - 0,006\, q_6 = 0,012\, q_6$$
$$q_{10} = -\frac{q_{9C}}{2} = -0,006\, q_6$$
$$q_{11} = -q_{9B} \times \frac{1,815}{5,185} = -0,002\, q_6$$
$$q_{12} = -\frac{q_{11}}{2} = 0,001\, q_6$$

Les déplacements des poteaux 7-8, 9-10, 11-12 provoquent respectivement les mêmes séries de moments que ceux des poteaux 5-6, 3-4 et 1-2, placés symétriquement par rapport à l'axe du cadre considéré, mais changés de signes

Il ne nous reste plus maintenant qu'à connaître les relations qui existent entre m_1 et les deux autres moments élémentaires p_3 et q_6, ce qui nous permettra de trouver tous les moments en fonction de un seul : m_1.

Pour le déplacement élémentaire afférent au poteau 1-2, nous nous reportons à la figure 43 du traité (§ 31) pour laquelle nous avons établi la relation :

$$\frac{2\,M_0 + M_1}{6\,E_1\,I_1} + \frac{\lambda}{l_1^2} = 0$$

ici

$$M_0 = m_1 \qquad M_1 = m_2 = -0{,}515\,m_1$$

d'où nous tirons :

$$2\,m_1 - 0{,}515\,m_1 = 1{,}485\,m_1$$

et finalement :

$$\frac{1{,}485\,m_1}{6\,E\,I} + \frac{\lambda}{4^2} = 0 \qquad (1)$$

Pour les déplacements afférents aux poteaux 3-4 et 5-6, nous nous reportons à la figure 40 de notre traité (§ 29) pour laquelle nous avons établi la relation :

$$\frac{M_{n-1} + 2\,M_n}{6\,E_n\,I_n} - \frac{\lambda}{l_n^2} = 0$$

Pour le poteau 3-4, nous avons :

$$M_{n-1} = p_{3C} \qquad M_n = p_4$$

mais

$$p_{3C} = -0{,}677\,p_4$$

d'où :

$$M_{n-1} + 2\,M_n = -0{,}677\,p_4 + 2\,p_4 = 1{,}323\,p_4$$

et finalement :

$$\frac{1{,}323\,p_4}{6\,E\,I} - \frac{\lambda}{4^2} = 0 \qquad (2)$$

Pour le poteau 5-6, nous avons :

$$M_{n-1} = q_{5C} \quad ; \quad M_n = q_6$$

$$q_{5C} = -0{,}680\,q_6$$

$$M_{n-1} + 2\,M_n = -0{,}680\,q_6 + 2\,q_6 = 1{,}320\,q_6$$

et finalement :

$$\frac{1{,}320\, q_6}{6\,\mathrm{EI}} - \frac{\lambda}{4^2} = 0 \qquad (3)$$

Ajoutons les équations (1) et (2) et (1) et (3), nous obtenons ainsi :

$$1{,}485\, m_1 + 1{,}323\, p_4 = 0$$
$$1{,}485\, m_1 \times 1{,}320\, q_6 = 0$$

d'où nous tirons :

$$p_4 = -\frac{1{,}485}{1{,}323}\, m_1 = -1{,}122\, m_1$$

$$q_6 = -\frac{1{,}485}{1{,}320}\, m_1 = -1{,}122\, m_1$$

Nous aurons donc ainsi pour les moments en p_4 :

p_1	$= -0{,}058\ p_4$	$= 0{,}058$	$\times\ 1.122\ m_1$	$= 0{,}065\ m_1$
p_2	$= 0{,}117\ p_4$	$= -0{,}117$	$\times$ —	$= -0{,}131$ —
p_{3A}	$= -0{,}333\ p_4$	$= 0{,}333$	$\times$ —	$= 0{,}374$ —
p_{3C}	$= -6{,}877\ p_4$	$= 0{,}677$	$\times$ —	$= 0{,}760$ —
p_4	$= 1{,}000\ p_4$	$= -1.000$	$\times$ —	$= -1.122$ —
p_{3B}	$= 0{,}344\ p_4$	$= -0{,}344$	$\times$ —	$= -0{,}386$ —
p_{5A}	$= -0{,}134\ p_4$	$= 0{,}134$	$\times$ —	$= 0{,}150$ —
p_{5C}	$= -0{,}088\ p_4$	$= 0{,}088$	$\times$ —	$= 0{,}099$ —
p_6	$= 0{,}044\ p_4$	$= -0{,}044$	$\times$ —	$= -0{,}049$ —
p_{5B}	$= -0{,}046\ p_4$	$= 0{,}046$	$\times$ —	$= 0{,}052$ —
p_{7A}	$= 0{,}014\ p_4$	$= -0{,}014$	$\times$ —	$= -0{,}016$ —
p_{7C}	$= 0{,}009\ p_4$	$= -0{,}009$	$\times$ —	$= -0{,}009$ —
p_8	$= -0{,}004\ p_4$	$= 0{,}004$	$\times$ —	$= 0{,}004$ —
p_{7B}	$= 0{,}005\ p_4$	$= -0{,}005$	$\times$ —	$= -0{,}005$ —
p_{9A}	$= -0{,}0015\ p_4$	$= 0{,}0015$	$\times$ —	$= 0{,}0017$ —
p_{9C}	$= -0{,}0\ 1\ p_4$	$= 0{,}001$	$\times$ —	$= 0{,}0012$ —
p_{10}	$= 0{,}000\ p_4$	$= -0{,}0005$	$\times$ —	$= -0{,}0006$ —
p_{9B}	$= -0{,}0005\ p_4$	$0{,}005$	$\times$	$= 0{,}0005$ —
p_{11}	$= 0{,}000\ p_4$	$= 0{,}000$	$\times$ —	$= 0{,}0005$ —
p_{12}	$= 0{,}000\ p_4$	$= 0{,}000$	$\times$ —	$= 0{,}0005$ —

ce qui est représenté par la figure 63.

Pour les moments en q_6, nous avons de même :

q_1	$= 0{,}0\ 8\ q_6$	$= -0{,}008$	$\times\ 1.122\ m_1$	$= -0{,}009\ m_1$
q_2	$= -0{,}016\ q_6$	$= 0{,}016$	$\times$ —	$= 0{,}018$ —
q_{3A}	$= 0{,}045\ q_6$	$= -0{,}048$	$\times$ —	$= -0{,}050$ —
q_{3C}	$= -0{,}088\ q_6$	$= 0{,}088$	$\times$ —	$= 0{,}097$ —
q_4	$= 0{,}044\ q_6$	$= -0{,}044$	$\times$ —	$= -0{,}048$ —
q_{3B}	$= 0{,}133\ q_6$	$= -0{,}133$	$\times$ —	$= -0{,}149$ —
q_{5A}	$= -0{,}340\ q_6$	$= 0{,}340$	$\times$ —	$= 0{,}381$ —
q_{5C}	$= -0{,}680\ q_6$	$= 0{,}680$	$\times$ —	$= 0{,}762$ —

$$
\begin{aligned}
q_6 &= 1.000\, q_6 = -1{,}000 \times 1{,}122\, m_1 = -1.122\, m_1 \\
q_{5B} &= 0{,}340\, q_6 = -0{,}340 \times \quad - \quad = -0{,}381 - \\
q_{7A} &= -0{,}133\, q_6 = 0{,}133 \times \quad - \quad = 0{,}149 - \\
q_{7C} &= -0{,}087\, q_6 = 0{,}087 \times \quad - \quad = 0{,}097 - \\
q_8 &= 0{,}043\, q_6 = -0{,}043 \times \quad - \quad = -0{,}048 - \\
q_{7B} &= -0{,}046\, q_6 = 0{,}046 \times \quad - \quad = 0{,}052 - \\
q_{9A} &= 0{,}018\, q_6 = -0{,}018 \times \quad - \quad = -0{,}020 - \\
q_{9C} &= 0{,}012\, q_6 = -0{,}012 \times \quad - \quad = -0{,}013 - \\
q_{10} &= -0{,}003\, q_6 = 0{,}003 \times \quad - \quad = 0{,}003 - \\
q_{9B} &= 0{,}006\, q_6 = -0{,}006 \times \quad - \quad = -0{,}006 - \\
q_{11} &= -0{,}002\, q_6 = -0{,}002 \quad = 0{,}002 - \\
q_{12} &= 0{,}001\, q_6 = -0{,}001 \quad = -0{,}001 -
\end{aligned}
$$

ce qui est représenté par la figure 64.

Pour les déplacements des appuis 8, 10 et 12, nous n'avons pas besoin de refaire les calculs, il nous suffit de dessiner les graphiques des moments correspondants en nous servant de ce qui a été dit au paragraphe 52, et d'inscrire les valeurs trouvées pour les déplacements de 1, 4 et 6.

C'est ce que nous avons fait pour les trois figures 65, 66 et 67.

Cela nous conduit donc à exprimer tous les moments en fonction d'un seul ; en indiquant par m_1 la valeur absolue du premier déplacement élémentaire trouvé, nous avons donc :

$$M_1 = (-1.000 - 0{,}065 + 0{,}009 - 0{,}001 + 0{,}000 + 0{,}000)\, m_1 = -1.057\, m_1$$

$$M_2 = (+0{,}515 + 0{,}131 - 0{,}018 + 0{,}002 + 0{,}000 + 0{,}000)\, m_1 = +0{,}630\, m_1$$

$$M_{3A} = (-0{,}201 - 0{,}374 + 0{,}050 - 0{,}006 + 0{,}0005 + 0{,}000)\, m_1 = -0.530\, m_1$$

$$M_{3C} = (-0{,}131 - 0{,}760 - 0{,}097 + 0{,}013 - 0{,}0012 + 0{,}000)\, m_1 = -0{,}976\, m_1$$

$$M_4 = (+0{,}065 + 1.122 + 0{,}048 - 0{,}003 + 0{,}0006 + 0{,}000)\, m_1 = 1.233\, m_1$$

$$M_{3B} = (-0{,}070 + 0{,}386 + 0{,}149 - 0{,}020 + 0{,}0017 + 0{,}000)\, m_1 = -0{,}447\, m_1$$

$$M_{5A} = (+0{,}027 - 0{,}150 - 0{,}381 + 0{,}052 - 0{,}005 + 0{,}001)\, m_1 = -0{,}456\, m_1$$

$$M_{5C} = (+0{,}018 - 0{,}099 - 0{,}762 - 0{,}097 + 0{,}009 - 0{,}003)\, m_1 = -0{,}934\, m_1$$

$$M_6 \equiv (-0{,}009 + 0{,}049 + 1.122 + 0{,}048 - 0{,}004 + 0{,}0015)\, m_1 = -1.208\, m_1$$

$$M_{5B} (+0{,}009 - 0{,}052 + 0{,}381 + 0{,}149 - 0{,}016 + 0{,}004)\, m_1 = 0{,}475\, m_1.$$

Il est inutile que nous calculions les autres moments,

qui seront symétriques des premiers, mais changés de signes comme l'indique la figure 68.

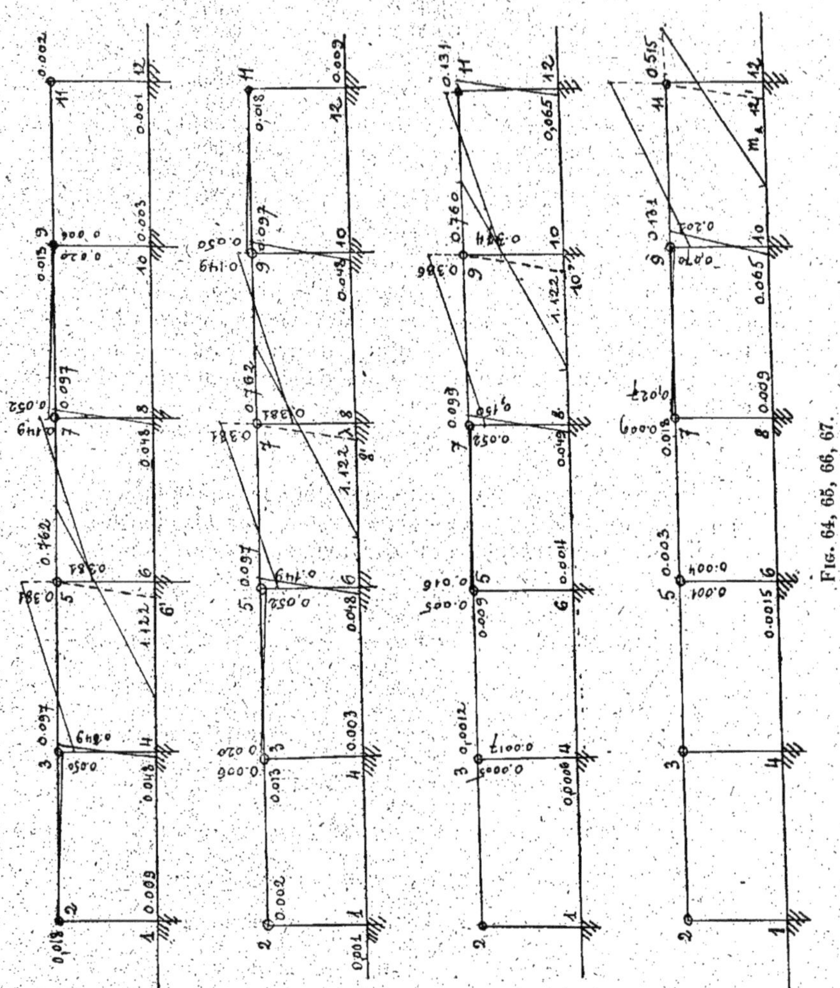

Fig. 64, 65, 66, 67.

Pour calculer les moments en fonction de l'intensité F de la force donnée, il nous suffit maintenant de déterminer les forces équivalentes capables d'entraîner la construction dans l'espace. Ce seront celles qui auront

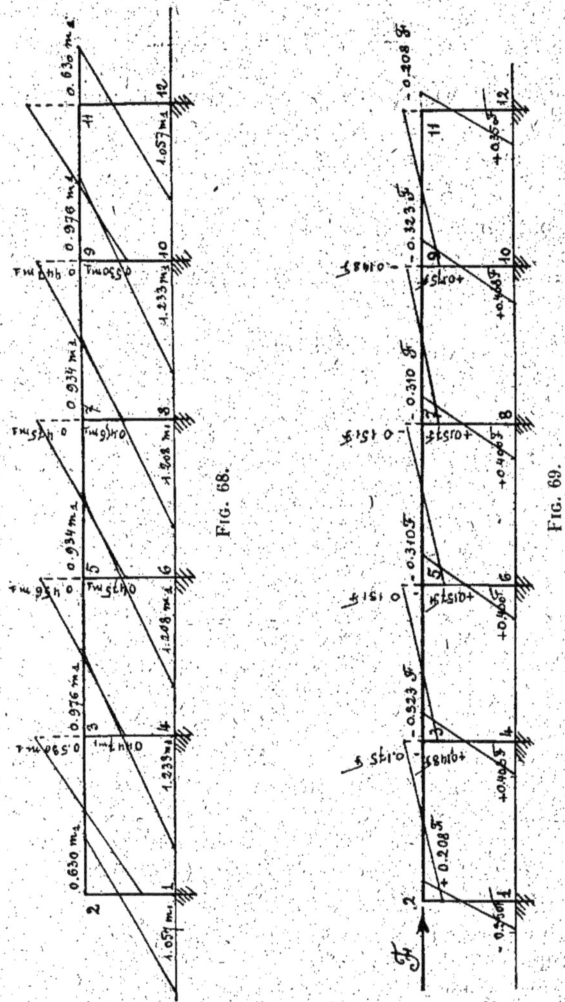

Fig. 68.

Fig. 69.

une direction horizontale et qui sont appliquées aux points 2, 3, 5, 7, 9, 11 et qui ont pour valeur :

$$f_2 = \frac{M_2 - M_1}{h} \qquad f_3 = \frac{M_{3C} - M_4}{h}$$

$$f_5 = \frac{M_{5c} - M_6}{h} \qquad f_9 = \frac{M_{7c} - M^8}{h}$$

$$f_9 = \frac{M_{9c} - M_{10}}{h} \qquad f_{10} = \frac{M_{11} - M_{12}}{h}$$

D'après le principe des forces équivalentes nous avons :

$$F = f_2 + f_3 + f_5 + f_7 + f_9 + f_{10}$$

sachant que

$$f_2 = f_{10} \quad , \qquad f_3 = f_9 \quad , \qquad f_5 = f_7$$

nous obtenons finalement :

$$F = \frac{2 \times (1,057 + 0,630 + 0,976 + 1,233 + 0,934 + 1,208)\, m_1}{4}$$

d'où :

$$F = 3.019\, m_1$$

et

$$m_1 = \frac{F}{3,0\ 9} = 0,331\ F$$

et les moments cherchés en fonction de F (fig. 69).

$$\begin{aligned}
M_1 &= -1,057 \times 0.331\ F = -0,350\ F \\
M_2 &= \ \ \ 0,630 \times \ \ — \ \ = \ \ 0,208\ F \\
M_{3A} &= -0,530 \times \ \ — \ \ = -0,175\ F \\
M_{3C} &= -0,976 \times \ \ — \ \ = -0,323\ F \\
M_4 &= \ \ \ 1.233 \times \ \ \ \ \ \ \ \ = \ \ 0,408\ F \\
M_{3B} &= \ \ \ 0,447 \times \ \ — \ \ = \ \ 0,148\ F \\
M_{5A} &= -0,456 \times \ \ — \ \ = -0,151\ F \\
M_{5C} &= -0,934 \times \ \ — \ \ = -0,310\ F \\
M_6 &= \ \ \ 1,208 \times \ \ — \ \ = \ \ 0,400\ F \\
M_{5B} &= \ \ \ 0,475 \times \ \ — \ \ = \ \ 0,157\ F
\end{aligned}$$

CADRE SYMÉTRIQUE A CINQ TRAVÉES

XIV. — *Les six appuis sont encastrés, la traverse horizontale est soumise à une charge uniformément répartie par mètre courant :*

1° Sur la première travée ;
2° Sur la deuxième travée ;
3° Sur les deux premières travées.

Nous appliquons pour ces trois cas notre méthode générale :

a) Nous considérons la construction comme étant à appuis fixes, c'est-à-dire que tous les nœuds sont fixés par des broches fictives, et nous faisons agir sur celles-ci les efforts donnés;

b) Nous prenons la même construction rendue libre et nous appliquons aux nœuds des forces de mêmes intensités que les réactions des broches, qui y étaient placées, mais de sens contraires à celles-ci.

Nous prendrons le cadre examiné aux applications VII et XIII.

1° *Première travée.* — La première opération a été faite à l'application VII, à laquelle nous prions le lecteur de se reporter et dont les résultats sont consignés dans la figure 1.

Nous y représentons les réactions des broches, susceptibles d'entraîner un déplacement du cadre.

Celles-ci ont comme valeur :

$$f_2 = \frac{M_1 - M_2}{4} = \frac{1,514p + 3,029p}{4} = 1,136p$$

$$f_3 = \frac{M_5 - M_{3c}}{4} = \frac{1,189p + 2,378p}{4} = 0,892p$$

$$f_5 = \frac{M_6 - M_{5c}}{4} = \frac{-0,155p - 0,311p}{4} = -0,117p$$

$$f_7 = \frac{M_8 - M_{7c}}{4} = \frac{0,021p + 0,042p}{4} = 0,016p$$

$$f_9 = \frac{M_{10} - M_9}{4} = \frac{0,003p + 0,006p}{4} = 0,002p$$

$$f_{11} = \frac{M_{12} - M_{11}}{4} = \frac{0,001p + 0,002p}{4} = 0,001p$$

Les directions de ces forces sont obtenues graphiquement en appliquant les règles que nous avons exposées au paragraphe 70 de notre traité; les signes d'ailleurs correspondent bien aux conventions de lecture habituelles par rapport aux fibres moyennes des pièces, lesquelles ne sont pas en concordance avec les signes correspondant aux sens des actions des forces.

La force qui entraînera la traverse du cadre de gauche à droite (réactions changées de sens) aura pour valeur :

$$F = f_2 + f_5 + f_9 - f_3 - f_7 - f_{11}$$

$$F = 1,136p + 0,117p + 0,002p - 0,892p - 0,016p - 0,001p$$

$$F = 0,346p$$

Or, nous savons quels sont les moments que cette force

provoque, d'après les résultats obtenus à notre application XIII.

Nous avons la suite des moments :

$$
\begin{aligned}
M'_1 &= -0{,}350 \times 0{,}346p = -0{,}121p \\
M'_2 &= 0{,}208 \times \quad — \quad = 0{,}072p \\
M'_{3A} &= -0{,}175 \times \quad — \quad = -0{,}061p \\
M'_{3C} &= -0{,}332 \times \quad — \quad = -0{,}111p \\
M'_4 &= +0{,}408 \times \quad — \quad = 0{,}141p \\
M'_{3B} &= 0{,}148 \times \quad — \quad = 0{,}051p \\
M'_{5A} &= -0{,}151 \times \quad — \quad = -0{,}052p \\
M'_{5C} &= -0{,}310 \times \quad — \quad = -0{,}107p \\
M'_6 &= 0{,}400 \times \quad — \quad = 0{,}138p \\
M'_{5B} &= -0{,}157 \times \quad — \quad = 0{,}054p \\
M'_{7A} &= -0{,}157 \times \quad — \quad = -0{,}054p \\
M'_{7C} &= -0{,}310 \times \quad — \quad = -0{,}107p \\
M'_8 &= 0{,}400 \times \quad — \quad = 0{,}138p \\
M'_{7B} &= 0{,}151 \times \quad — \quad = 0{,}052p \\
M_{9A} &= -0{,}148 \times \quad — \quad = -0{,}051p \\
M'_{9C} &= -0{,}323 \times \quad — \quad = -0{,}111p \\
M'_{10} &= 0{,}408 \times \quad — \quad = 0{,}141p \\
M'_{9B} &= 0{,}175 \times \quad — \quad = -0{,}061p \\
M'_{11} &= -0{,}208 \times \quad — \quad = -0{,}072p \\
M'_{12} &= 0{,}350 \times \quad — \quad = 0{,}121p
\end{aligned}
$$

En prenant les moments calculés à l'application VII, ceux cherchés seront donc :

$$
\begin{aligned}
M_1 + M'_1 &= 1{,}514p - 0{,}121p = 1{,}393p \\
M_2 + M'_2 &= -3{,}029p + 0{,}072p = -2{,}957p \\
M_{3A} + M'_{3A} &= -3{,}596p - 0{,}061p = -3{,}657p \\
M_{3C} + M'_{3C} &= -2{,}378p - 0{,}111p = -2{,}489p \\
M_4 + M'_4 &= 1{,}189p + 0{,}141p = 1{,}330p \\
M_{3B} + M'_{3B} &= -1{,}218p + 0{,}051p = -1{,}167p \\
M_{5A} + M'_{5A} &= 0{,}476p - 0{,}052p = 0{,}424p \\
M_{5C} + M'_{5C} &= 0{,}311p - 0{,}107p = 0{,}\ 04p \\
M_6 + M'_6 &= -0{,}155p + 0{,}138p = -0{,}013p \\
M_{5B} + M'_{5B} &= 0{,}165p + 0{,}054p = 0{,}219p \\
M_{7A} + M'_{7A} &= -0{,}065p - 0{,}054p = -0{,}119p \\
M_{7C} + M'_{7C} &= -0{,}042p - 0{,}107p = -0{,}149p \\
M_8 + M'_8 &= 0{,}021p + 0{,}138p = 0{,}159p \\
M_{7B} + M'_{7B} &= -0{,}023p + 0{,}052p = 0{,}029p \\
M_{9A} + M'_{9A} &= 0{,}009p - 0{,}051p = -0{,}042p \\
M_{9C} + M'_{9C} &= 0{,}006p - 0{,}111p = -0{,}105p \\
M_{10} + M'_{10} &= -0{,}003p + 0{,}141p = 0{,}138p \\
M_{9B} + M'_{9B} &= 0{,}003p + 0{,}061p = 0{,}064p \\
M_{11} + M'_{11} &= -0{,}001p - 0{,}072p = -0{,}073p \\
M_{12} + M'_{12} &= 0{,}0005p + 0{,}121p = 0{,}122p
\end{aligned}
$$

Résultats qui sont consignés sur la figure n° 71.

2° *Deuxième travée.* — Comme pour le cas précédent,

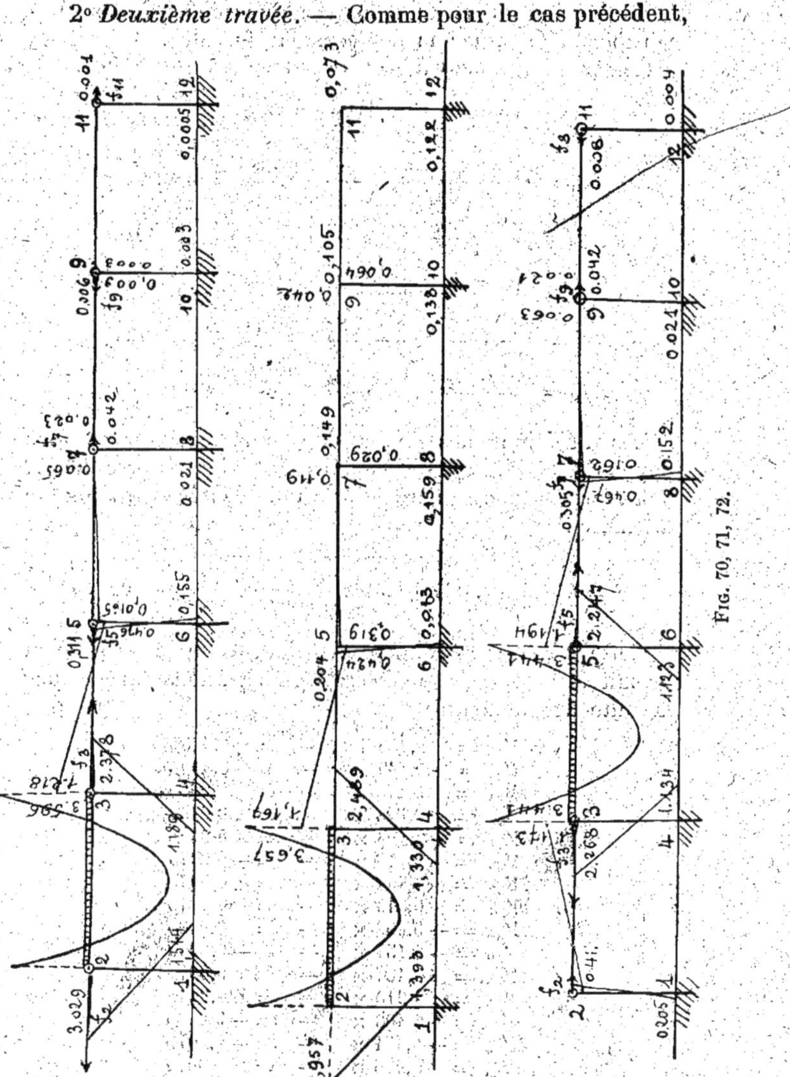

Fig. 70, 71, 72.

la première opération a été faite à l'application VII, les résultats obtenus sont représentés à la figure 72.

Nous y indiquons aussi les réactions des broches susceptibles d'entraîner un déplacement du cadre.

Celles-ci ont pour valeur :

$$f_2 = \frac{M_1 - M_C}{4} = \frac{-0,205p - 0,411p}{4} = -0,154p$$

$$f_3 = \frac{M_4 - M_{3C}}{4} = \frac{-1.134p - 2.268p}{4} = -0,850p$$

$$f_5 = \frac{M_6 - M_{4C}}{4} = \frac{1.123p + 2.247p}{4} = 0,842p$$

$$f_7 = \frac{M_8 - M_{7C}}{4} = \frac{0,152p - 0,305p}{4} = -0,114p$$

$$f_9 = \frac{M_{10} - M_{9C}}{4} = \frac{-0,021p - 0,042p}{4} = -0,016p$$

$$f_{11} = \frac{M_{12} - M_{11}}{4} = \frac{-0,004p - 0,008p}{4} = -0,003p$$

Les directions des forces sont obtenues, comme nous l'avons dit déjà, en appliquant les règles du paragraphe 70.

La force qui entraînera la traverse du cadre aura comme intensité :

$$F = f_2 + f_5 + f_9 - f_3 - f_7 - f_{11}$$

$$F = 0,154p + 0,842p + 0,016p - 0,850p - 0,114p - 0,003p$$
$$= 0,045p$$

Cette force aura comme direction, celle inverse de la première, c'est-à-dire de droite à gauche, nous aurons donc la suite des moments :

$$\begin{aligned}
M'_1 &= 0,333 \times 0,045p = 0,016p \\
M'_2 &= -0,208 \times \text{—} = -0,009p \\
M'_{3A} &= 0,175 \times \text{—} = 0,008p \\
M'_{3C} &= 0,323 \times \text{—} = 0,015p \\
M'_4 &= -0,408 \times \text{—} = -0,019p \\
M'_{3B} &= -0,148 \times \text{—} = -0,007p \\
M'_{5A} &= 0,151 \times \text{—} = 0,007p \\
M'_{5C} &= 0,310 \times \text{—} = 0,014p \\
M'_6 &= -0,400 \times \text{—} = 0,018p \\
M'_{5B} &= -0,157 \times \text{—} = -0,007p \\
M'_{7A} &= 0,157 \times \text{—} = 0,007p \\
M'_{7C} &= 0,310 \times \text{—} = 0,014p \\
M'_8 &= -0,408 \times \text{—} = -0,018p \\
M'_{7B} &= -0,151 \times \text{—} = -0,007p \\
M'_{9A} &= 0,148 \times \text{—} = 0,007p \\
M'_{9C} &= 0,323 \times \text{—} = 0,015p \\
M'_{10} &= -0,408 \times \text{—} = -0,019p \\
M'_{9B} &= -0,175 \times \text{—} = -0,008p
\end{aligned}$$

$M'_{11} = \quad 0,208 \times \quad - \quad = \quad 0,009p$
$M'_{12} = -0,350 \times \quad - \quad = -0,016p$

En prenant les moments calculés à l'application VII, ceux cherchés seront donc :

$$
\begin{array}{llll}
M_1 & + M'_1 & = -0,205p + 0,016p & = -0,189p \\
M_2 & + M'_2 & = \quad 0,411p - 0,009p & = \quad 0,402p \\
M_{3A} & + M'_{3A} & = -1.173p + 0,008p & = -1.165p \\
M_{3C} & + M'_{3C} & = \quad 2,268p + 0,015p & = \quad 2.283p \\
M_4 & + M'_4 & = -1.134p - 0,019p & = -1.153p \\
M_{3B} & + M'_{3B} & = -3.441p - 0,006p & = -3.448p \\
M_{5A} & + M'_{5A} & = -3.441p + 0,007p & = -3.434p \\
M_{5C} & + M'_{5C} & = -2.247p + 0,014p & = -2.233p \\
M_6 & + M'_6 & = -1.123p - 0,018p & = \quad 1.105p \\
N_{5B} & + M'_{5B} & = -1.194p - 0,007p & = -1.201p \\
M_{7A} & + M'_{7A} & = \quad 0,467p + 0,007p & = \quad 0,474p \\
M_{7C} & + M'_{7C} & = \quad 0,305p + 0,014p & = \quad 0,319p \\
M_8 & + M'_8 & = -0,152p - 0,018p & = -0,170p \\
M_{7B} & + M'_{7B} & = \quad 0,162p - 0,007p & = \quad 0,155p \\
M_{9A} & + M'_{9A} & = -0,063p + 0,007p & = -0,056p \\
M_{9C} & + M'_{9C} & = -0,042p + 0,015p & = -0,027p \\
M_{10} & + M'_{10} & = +0,021p + 0,019p & = \quad 0,040p \\
M_{9B} & + M'_{9B} & = -0,021p - 0,008p & = -0,029p \\
M_{11} & + M'_{11} & = \quad 0,008p + 0,009p & = \quad 0,017p \\
M_2 & + M'_{12} & = -0,004p - 0,016p & = -0,020p
\end{array}
$$

Résultats qui sont consignés sur la figure n° 73.

3° *Les deux premières travées.* — Pour avoir les moments correspondant aux charges simultanées sur les deux premières travées, il n'y a qu'à ajouter les résultats obtenus à chacun des cas précédents. Nous aurons ainsi, en désignant ces moments par la lettre N :

$$
\begin{array}{lll}
N_1 & = \quad 1,391p - 0,189p & = \quad 1.202p \\
N_2 & = -3,101p + 0,402p & = -2,699p \\
N_{3A} & = -3,658p - 1,165p & = -4,823p \\
N_{3C} & = -2,490p + 2,283p & = -0,207p \\
N_4 & = \quad 1,330p - 1,153p & = \quad 0,177p \\
N_{3B} & = -1,167p - 3,448p & = -4,615p \\
N_{5A} & = \quad 0,424p - 3.434p & = \quad 3,010p \\
N_{5C} & = \quad 0,204p - 2,233 & = -2,029p \\
N_6 & = -0,013p + 1,105p & = \quad 1,092p \\
N_{5B} & = \quad 0,219p - 1,201p & = -0,982p \\
N_{7A} & = -0,119p + 0.474p & = \quad 0,355p \\
N_{7C} & = -0,149p + 0,319p & = \quad 0,170p \\
N_8 & = -0,159p - 0,170p & = -0,011p \\
N_{7B} & = \quad 0,029p + 0,155p & = \quad 0,184p \\
N_{9A} & = -0,042p - 0,056p & = -0,098p \\
N_{9C} & = -0,106p - 0,027p & = -0,133p
\end{array}
$$

$$N_{10} = 0{,}138p + 0{,}040p = 0{,}178p$$
$$N_9 = 0{,}065p - 0{,}029p = 0{,}036p$$

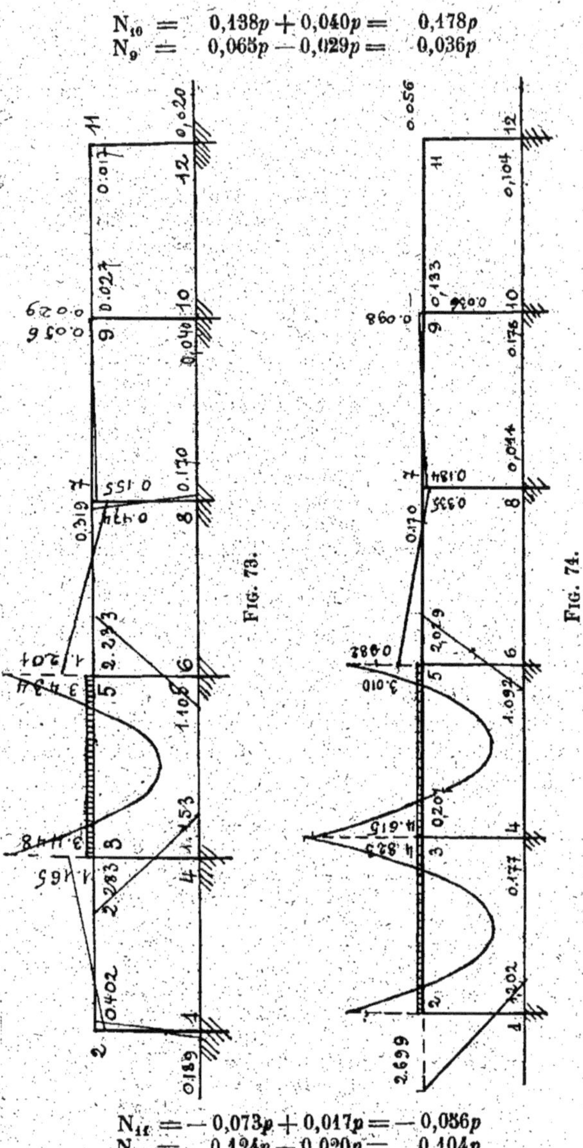

Fig. 73.

Fig. 74.

$$N_{11} = -0{,}073p + 0{,}017p = -0{,}056p$$
$$N_{12} = 0{,}124p - 0{,}020p = 0{,}104p$$

Résultats consignés sur la figure n° 74.

C. — NEF SYMÉTRIQUE A UNE TRAVÉE

XV. — *Soit une nef symétrique 1,2,3,4,5 (fig. 75) ayant une portée de 30 m., dont les montants verticaux encastrés ont une longueur de 20 m. 5, les rampants une inclinaison de 0 m. 180 par mètre et soumise à l'action d'une force horizontale d'intensité F appliquée en 2;* on demande de calculer les foyers fixes de déplacement

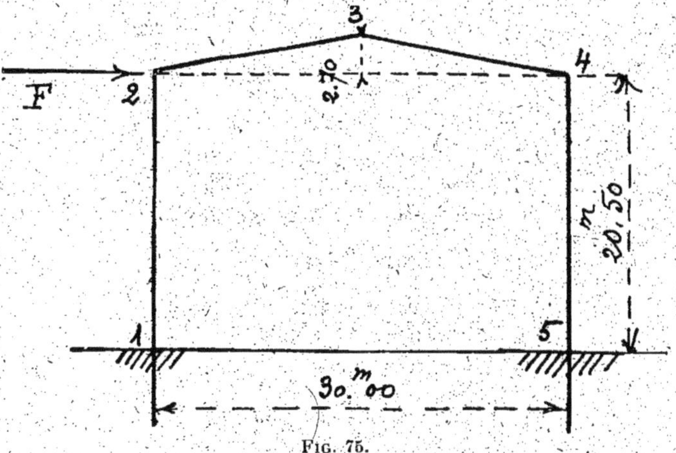

Fig. 75.

correspondant à la force F horizontale appliquée au sommet 2, ainsi que le moment d'encastrement, les réactions horizontales et verticales de l'appui 1.

Nous suivrons la marche que nous avons exposée aux paragraphes 80, 109 et 110, de notre traité général.

Nous allons tout d'abord calculer les foyers, comme si les contours 1,2,3,4,5 appartenaient à une poutre à appuis fixes, 1 et 5 étant encastrés.

Nous faisons l'hypothèse que $I_1 = I_2 = I_3 = I_4$, nous avons :

$$f = 15 \times 0{,}18 = 2{,}70 \text{ m.}$$
$$l_1 = 20{,}50 \text{ m.}$$

et

$$l_2 = l_3 = \sqrt{15^2 + 2{,}70^2} = 15{,}241 \text{ m.}$$
$$l_4 = 20 \text{ m. } 50.$$

Appliquons les formules du paragraphe 34 :

$$\frac{E_{n+1}\, I_{n+1}\, l_n}{E_n\, I_n\, l_{n+1}} = K_n$$

$$U_{n+1} = \frac{V_n\, l_{n+1}}{3\, V_n\, (K_n + 1) - l_n K_n}$$

Le premier appui étant encastré, le premier foyer de gauche est à une distance de l'appui :

$$V_1 = \frac{20,5}{3} = 6,833$$

$$K_1 = \frac{l_1}{l_2} = \frac{20,5}{15,241} = 1,34505$$

$$U_1 = 20,500 - 6,8333 = 13,6667$$

$$V_2 = \frac{13,6667 \times 15,241}{3 \times 13,6667 \times 2,345 - 20,5 \times 1,34505} = 3,0375$$

$$V_2 = 15,241 - 3,0375 = 12,2035$$

$$K_2 = \frac{l_2}{l_3} = 1$$

$$U_3 = \frac{12,204 \times 15,241}{3 \times 12,204 \times 2 - 15,241} = 3,2078$$

$$V_3 = 15,241 - 3,2078 = 12,0332$$

$$K_3 = \frac{15,241}{20,500} = 0,7435$$

$$U_4 = \frac{12,0332 \times 20,50}{3 \times 12,0332 \times 1,7435 - 15,241 \times 0,7435} = 4,7798$$

$$V_4 = 20,500 - 4,7798 = 15,7202$$

Si nous développons cette nef sur une ligne droite, nous aurons la poutre continue représentée figure 76.

Sous l'action d'une force horizontale F appliquée en 2 la déformation schématique 1 2′ 3′ 4′ 5 de la figure 77, peut être considérée comme le résultat de deux autres successives données par les figures 78 et 79, correspondant aux déplacements λ_2 et λ_5 des sommets 2 et 4 (voir paragraphe 80).

Pour la déformation de la figure 78, nous en considérons trois autres élémentaires correspondantes à λ_2, λ_3, λ (fig. 80), donnant une série de moments dont la représentation graphique est indiquée aux figures 82, 83 et 84.

Soit m_1, le moment provoqué en 1 par le déplacement λ_2. D'après les propriétés des foyers et des points neutres, nous avons :

$$\frac{m_2}{m_1} = -\frac{V_1'}{U_1} = -\frac{4,7798}{6,8833} = -0,6995$$

d'où :

$$m_2 = -0,6995\, m_1$$

$$m_3 = -\frac{3,2078}{12,0332}\, m_2 = 0,1865\, m_1$$

$$m_4 = -\frac{3,0375}{12,2035}\, m_3 = -0,0464\, m_1$$

$$m_5 = -\frac{1}{2}\, m_4 = 0,0232\, m_1$$

de même pour le déplacement λ_3 de 3 nous avons :

$$\frac{p_2}{p_3} = -\frac{3,0375}{3,2078} = -0,9469$$

d'où :

$$p_2 = -0,9469\, p_3$$

$$p_1 = 0,4734\, p_3$$

$$p_4 = -p_3 \times \frac{3,0375}{12,2035} = 0,2489\, p_3$$

et

$$p_5 = 0,1245\, p_3$$

Si on trace le polygone des déplacements λ_1, λ_3, λ_4 on voit que $\lambda_3 = \lambda_4$ (fig. 80) donc q_3 provenant du déplacement λ_4 est égal à p_3 provenant du déplacement λ_3. On aura conséquemment :

$$q_4 = -0,9469\, q_3, q_5 = 0,473493$$

$$q_2 = -0,2489\, q_3 \text{ et } q_1 = 0,1245\, q_3.$$

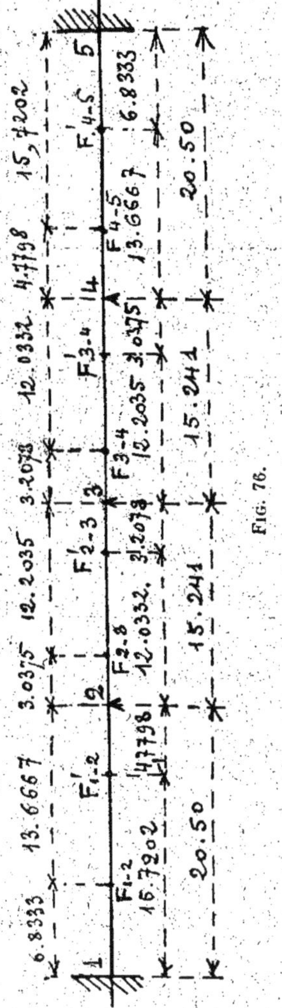

Fig. 76.

Entre les déplacements des appuis nous avons la relation :

$$2\lambda_3 \sin \alpha = \lambda_2$$

Nous exprimerons maintenant les relations qui existent entre m_1 et λ_2 d'une part, p_3 et λ_3, d'autre part en appli-

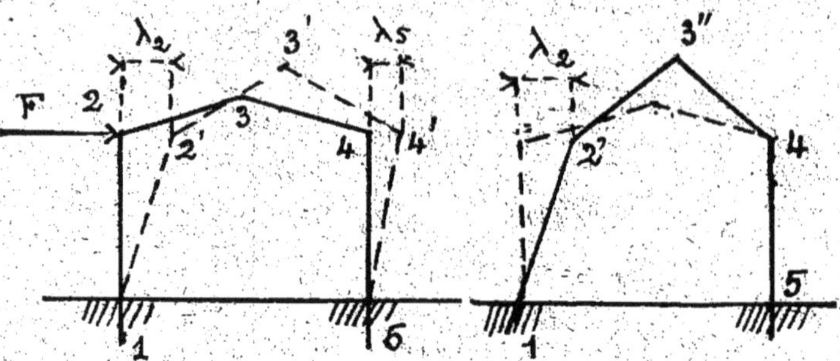

Fig. 77. Fig. 78.

quant le théorème des 3 moments quand aucune force n'agit sur les travées (§ 33).

$$\frac{l_n (2\,M_n + M_{n-1})}{6\,E_n\,I_n} + \frac{l_{n+1} (2\,M_n + M_{n+1})}{6\,E_{n+1}\,I_{n+1}} + \frac{Y_{n-1} - Y_n}{l_n} + \frac{Y_{n+1} - Y_n}{l_{n+1}} = 0$$

$$\frac{20{,}5\,(2m_2 + m_1)}{6\,EI} + \frac{15{,}241\,(2\,m_2 + m_3)}{6\,E\,I} - \frac{\lambda_2}{20.5} = 0$$

$$\left[\frac{20{,}5\,(1 - 2 \times 0{,}6995) + 15{,}241\,(0{,}1865 - 2 \times 0{,}6995)}{6\,E\,I}\right] m_1 - \frac{\lambda_2}{20{,}5} = 0$$

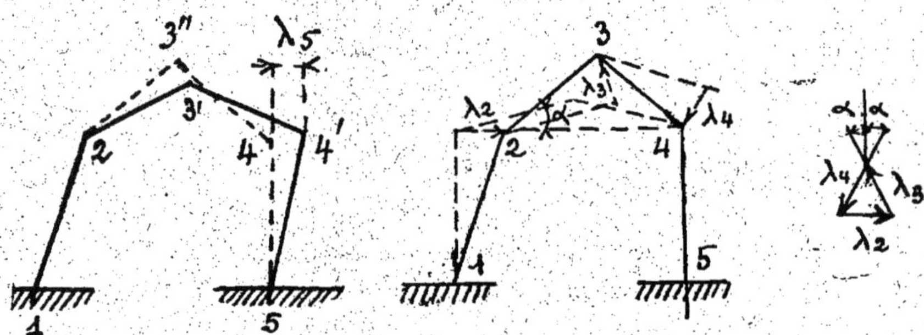

Fig 79. Fig. 80.

d'où :

$$\lambda_2 = -\frac{546{,}5130}{6\,E\,I}\,m_1.$$

Pour les moments en p et le déplacement λ_3 nous avons :

$$\frac{15,241\,(2p_3+p_2)}{6\,\mathrm{E\,I}}+\frac{15,241\,(2p_3+p_4)}{6\,\mathrm{E\,I}}+\frac{\lambda_3}{15,241}=0$$

$$\frac{15,241\,(4-0,9469-0,2489)\,p_3}{6\,\mathrm{E\,I}}+\frac{\lambda_3}{15,241}=0$$

$$\lambda_3=\frac{2,8041\times\overline{15,241}^2}{6\,\mathrm{E\,I}}=-\frac{651,3822}{6\,\mathrm{E\,I}}\,p_3$$

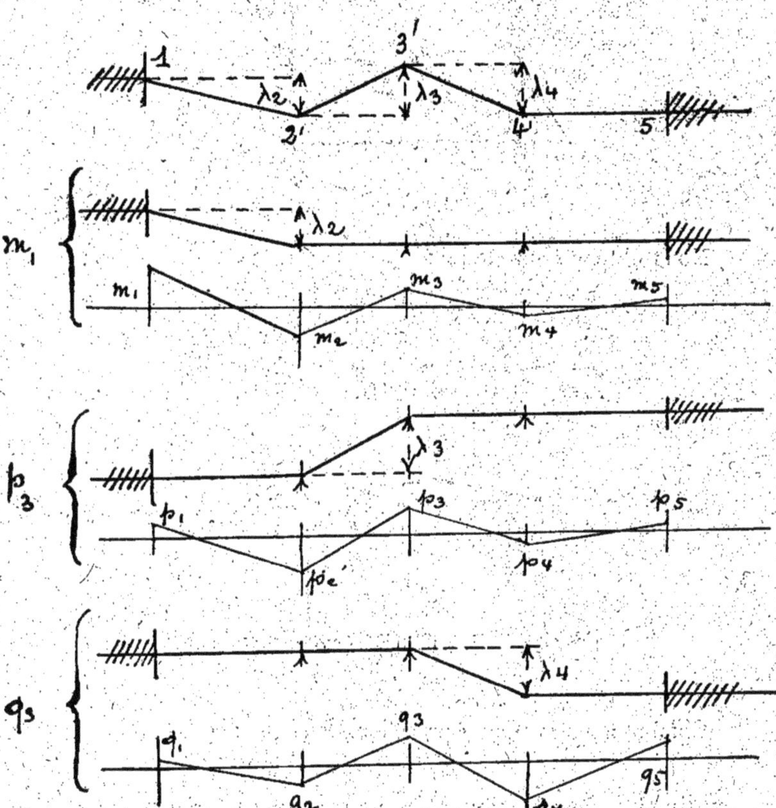

FIG. 81, 82, 83 et 84.

appliquant l'équation :

$$2\lambda_3 \sin\alpha=\lambda_2$$

nous trouvons :

$$-\frac{2,651,3822}{6\,E\,I} \times \frac{2,70}{15,241} p_3 = -\frac{546,5130}{6\,E\,I} m_1$$

d'où :

$$p_3 = \frac{546,5130 \times 15,241}{2 \times 651,3822 \times 2,70} = 2,3680\, m_1$$

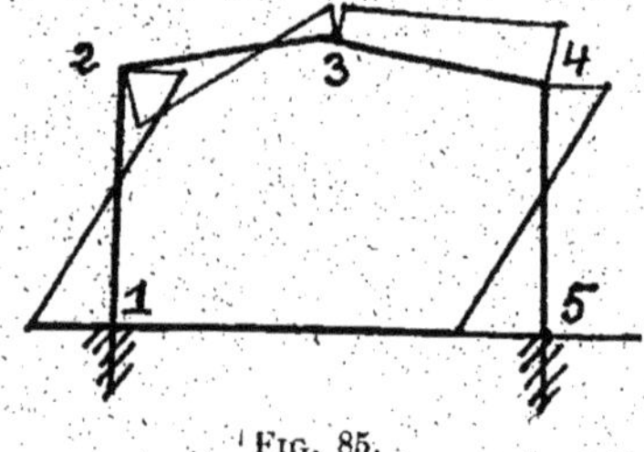

FIG. 85.

Nous obtenons par suite :

$$\begin{aligned}
p_1 &= 0,4735 \times 2,3680\, m_1 = 1,1211\, m_1 \\
p_2 &= -0,9469 \times 2,3680\, m_1 = 2,2423\, m_1 \\
p_3 &= 1,000 \times 2,3680\, m_1 = 2,3680\, m_1 \\
p_4 &= -0,2489 \times 2,3680\, m_1 = 0,5894\, m_1 \\
p_5 &= 0,1245 \times 2,3680\, m_1 = 0,2947\, m_1
\end{aligned}$$

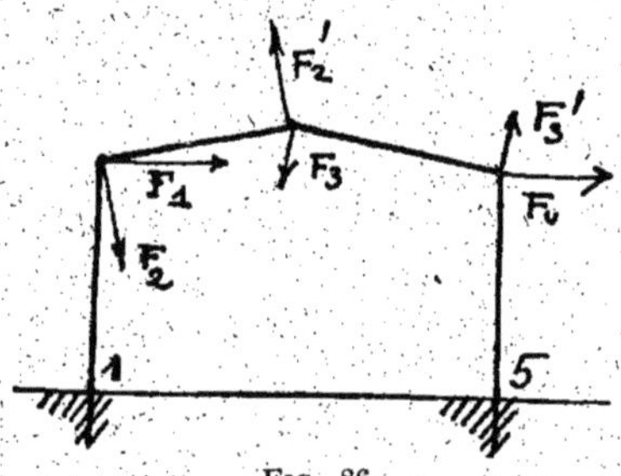

FIG. 86.

Comme nous avons vu précédemment que :

$$q_3 = p_3,$$

exprimant q_3 en fonction de m_1 nous pouvons écrire :

Sommet 1 : $(1,000 \ + 1,1211 + 0,2947)\, m_1 = 2,4158\, m_1$
Sommet 2 : $(0,6995 + 2,2423 + 0,5894)\, m_1 = 3,5312\, m_1$
Sommet 3 : $(0,1865 + 2,3680 + 2,3680)\, m_1 = 2,9225\, m_1$
Sommet 4 : $(0,0464 + 0,5894 + 2,2423)\, m_1 = 2,8781\, m_1$
Sommet 5 : $(0,0232 + 0,2947 + 1,1211)\, m_1 = 1,4390\, m_1$

Pour la deuxième déformation répondant à λ_5, nous nous rendons compte que les élémentaires auxquelles elle peut

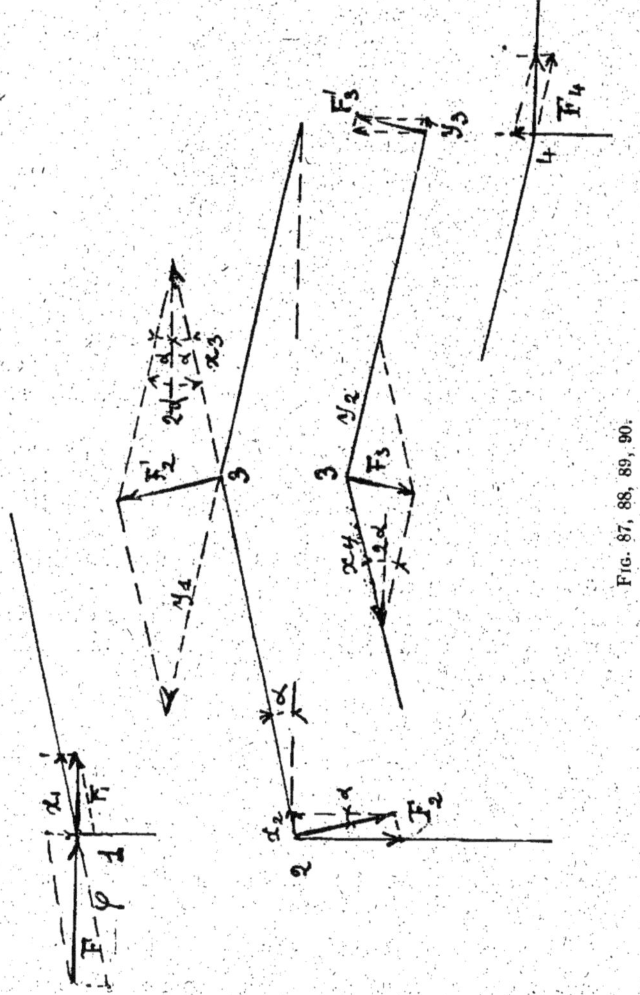

Fig. 87, 88, 89, 90.

être ramenée forment une suite identique à celle que nous venons d'examiner, mais en commençant par l'appui 5, au lieu de l'appui 1.

En d'autres termes les valeurs des moments sont symétriques des premières et nous avons la suite :

Sommet 1 : $1,4390\,r_5$
Sommet 2 : $-2,8781\,r_5$
Sommet 3 : $4,9225\,r_5$
Sommet 4 : $-3,5312\,r_5$
Sommet 5 : $2,4158\,r_5$

et les expressions générales deviennent :

$$M_1 = -2,4158\,m_1 + 1,4390\,r_5$$
$$M_2 = 3,5312\,m_1 - 2,8781\,r_5$$
$$M_3 = -4,9225\,m_1 + 4,9225\,r_5$$
$$M_4 = 2,8781\,m_1 - 3,5312\,r_5$$
$$M_5 = -1,4390\,m_1 + 2,4158\,r_5$$

Le deuxième déplacement provoquant des moments inférieurs à ceux résultant du premier, la forme de la ligne représentative des moments M_1, M_2, M_3, M_4 M_5 sera comme indiqué à la figure 85.

Si nous appliquons le principe des forces équivalentes (§ 82), nous aurons le système des forces représentées à la figure 86 dont l'action sur la nef est identique à celle de la force donnée F.

Nous ramènerons toutes ces forces à 2 autres dirigées suivant les côtés 2-3 et 3-4.

La force F se décompose en 2 autres, une dirigée suivant 1-2, qui est annihilée par l'appui 1 et une autre, qui a pour valeur :

$$\varphi = \frac{F}{\cos\alpha} \quad \text{(fig. 87)}$$

Il en est de même pour la force équivalente F, qui donne :

$$x_1 = \frac{F_1}{\cos\alpha}.$$

La force F_2 appliquée en 2, aura comme composante suivant le rampant 2-3, la force :

$$x_2 = F_2\,\mathrm{tg}\,\alpha. \text{ (fig. 88)}$$

La force F_2 appliquée en 3, aura comme composante suivant le même rampant :

$$x_3 = \frac{F_2}{\mathrm{tg}\,2\alpha} \text{ (fig. 89), car } F'_2 = F_2.$$

La force F_3 a comme composante sur ce même rampant :

$$x_4 = \frac{F_3}{\sin 2\alpha} \quad \text{(fig. 90).}$$

Nous avons :

$$\varphi = x_1 + x_2 + x_3 - x_4$$

ou :

$$\frac{F}{\cos\alpha} = \frac{F_1}{\cos\alpha} + F_2\left(\operatorname{tg}\alpha + \frac{1}{\operatorname{tg}2\alpha}\right) - \frac{F_3}{\sin 2\alpha} \qquad (1)$$

Pour le rampant 3-4 nous obtenons de même :

$$\frac{F_2}{\sin 2\alpha} = F_3\left(\operatorname{tg}\alpha + \frac{1}{\operatorname{tg}2\alpha}\right) + \frac{F_4}{\cos\alpha} \qquad (2)$$

Mais nous pouvons transformer l'expression

$$\operatorname{tg}\alpha + \frac{1}{\operatorname{tg}2\alpha}$$

comme suit, sachant que :

$$\operatorname{tg}2\alpha = \frac{2\operatorname{tg}\alpha}{1-\operatorname{tg}^2\alpha}$$

$$\operatorname{tg}\alpha + \frac{1}{\operatorname{tg}2\alpha} = \operatorname{tg}\alpha + \frac{1-\operatorname{tg}^2 a}{2\operatorname{tg}\alpha} = \frac{2\operatorname{tg}^2\alpha + 1 - \operatorname{tg}^2\alpha}{2\operatorname{tg}\alpha} = \frac{1+\operatorname{tg}^2\alpha}{2\operatorname{tg}\alpha}$$

$$= \frac{1+\frac{\operatorname{sni}^2\alpha}{\cos^2\alpha}}{2\frac{\sin\alpha}{\cos\alpha}} = \frac{\frac{1}{\cos\alpha}}{2\sin\alpha} = \frac{1}{2\sin\alpha\cos\alpha} = \frac{1}{\sin 2\alpha}$$

Les expressions 1 et 2 ci-dessus deviennent donc :

$$\frac{F}{\cos\alpha} = \frac{F_1}{\cos\alpha} + \frac{F_2 - F_3}{\sin 2\alpha} \qquad (1')$$

$$\frac{F_2}{\sin 2\alpha} = \frac{F_3}{\sin 2\alpha} + \frac{F_4}{\cos\alpha} \qquad (2')$$

Sachant que : $\sin 2\alpha = 2\sin\alpha\cos\alpha$.

Nous obtenons finalement les équations d'équilibre :

$$F = F_1 + \frac{F_2 - F_3}{2\sin\alpha} \qquad (1)$$

$$F_4 + \frac{F_3 - F_2}{2\sin\alpha} = 0 \qquad (2)$$

Or :

$$F_1 = \frac{M_2 - M_1}{20,50} = 0,2901\, m_1 - 0,2106\, r_5$$

$$F_2 = \frac{M_2 - M_3}{15,241} = 0,5546\, m_1 - 0,5118\, r_5$$

$$F_3 = \frac{M_3 - M_4}{15,241} = 0,5118\, m_1 - 0,5546\, r_5$$

$$F_4 = \frac{M_5 - M_4}{20,50} = 0,2106\, m_1 - 0,2901\, r_5$$

En remplaçant ces valeurs dans les expressions ci-dessus on a les 2 équations :

$$F = 3,2999\, m_1 - 3,2204\, r_5$$
$$3,2204\, r_5 - 3,2999\, r_5 = 0$$

d'où :

$$m_1 = 6,3653\, F$$
$$r_5 = 6,2120\, F$$

Portons ces valeurs de m_1 et de r_5 dans les expressions de : M_1, M_2, M_3, M_4, M_5 ; nous trouvons :

$$M_1 = -2,4158 \times 6,3653\, F + 1,4390 \times 6,2120\, F = -6,4382\, F$$
$$M_2 = 3,5312 \times 6,3653\, F - 2,8781 \times 6,2120\, F = 4,5984\, F$$
$$M_3 = -4,9225 \times 6,3653\, F + 4,9225 \times 6,2120\, F = -0,7546\, F$$
$$M_4 = 2,8781 \times 6,3653\, F - 3,5312 \times 6,2120\, F = -3,6158\, F$$
$$M_5 = -1,4390 \times 6,3653\, F + 2,4158 \times 6,2120\, F = 5,8472\, F$$

Ce qui nous permet de déterminer les foyers fixes de déplacement ; nous avons f_1 :

$$\frac{x}{y} = \frac{6,4382}{4,5984}, \quad \frac{x}{x+y} = \frac{x}{20 \times 5} = \frac{6,4382}{6,4382 + 4,5984}$$

d'où :

$$x = \frac{6,4382}{11,0366} \times 20,50 = 11\text{ m. }948$$

Pour f_2 nous aurons de même :

$$\frac{x}{y} = \frac{4,5984}{0,7546}, \quad \frac{x}{x+y} = \frac{4,59848}{4,5984 + 0,7546}$$

$$x = \frac{4,5984}{5,3530} = 15,241 = 13\text{ m. }085$$

Pour f qui est sur le prolongement de 4 — 3 :

$$\frac{x}{y} = \frac{0,7546}{3,6158}, \quad \frac{x}{y-x} = \frac{0,7546}{3,6158 - 0,7846}$$

$$x = \frac{0,7546}{2,8611} \times 15,241 = 4,046$$

et enfin f_4:

$$\frac{x}{y}=\frac{3,6158}{5,8472}, \quad \frac{x}{x+y}=\frac{3,6158}{3,6158+5,8472}$$

et :

$$x=\frac{3,6158}{9,4630}\times 20,50=7 \text{ m. } 838.$$

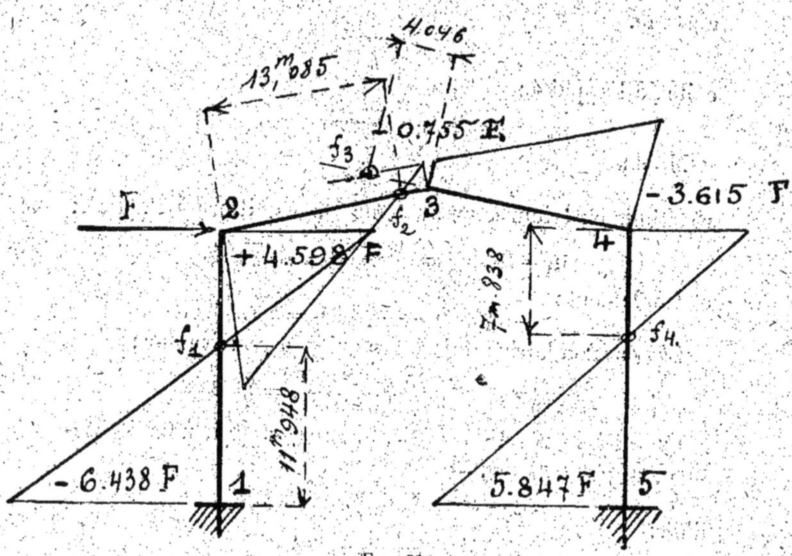

Fig. 91.

Nous avons vérifié ces calculs par la méthode des dérivées du travail et nous avons obtenu :

$$\begin{aligned} M_1 &= -6,4384 \text{ F} \\ M_2 &= 4,5988 \text{ F} \\ M_3 &= -0,7545 \text{ F} \\ M_4 &= -3,6152 \text{ F} \\ M_5 &= 5,8476 \text{ F} \end{aligned}$$

C'est-à-dire des résultats absolument identiques.

Un autre moyen de vérification est le suivant : pour les 4 moments :

$$M_1, M_2, M_4 \text{ et } M_5$$

On doit avoir :

$$-M_1+M_2-M_4+M_5=20,5 \text{ F}$$

et nous avons en réalité :

$$6,4382 + 4,5984 + 3,6158 + 5,8472 = 20,4996$$

les résultats obtenus sont donc exacts.

La démonstration de cette vérification se fait de la manière suivante :

La réaction horizontale à l'appui 1, est en valeur absolue.

$$H_1 = \frac{M_2 - M_1}{h},$$

celle de l'appui 4 :

$$H_5 = \frac{M_5 - M_4}{h},$$

Mais :

$$H_1 + H_5,$$

réactions extérieures au système font équilibre à F, d'où :

$$H_1 + H_5 = F = \frac{M_2 - M_1}{h} + \frac{M_5 - M_4}{h}$$

et finalement :

$$- M_1 + M_2 - M_4 + M_5 = h\,F.$$

La réaction horizontale à l'appui 1 a pour valeur :

$$\frac{M_2 - M_1}{20,50} = \frac{4,5984\,F + 6,4382\,F}{20,50} = 0,5383\,F$$

Quant à la réaction verticale en cet appui, nous l'obtenons en écrivant l'équilibre du point 5.

$$M_5 = M_1 + V_1 \times 30 + 20,5 \times F$$

d'où :

$$V_1 = - \frac{M_1 - M_5 + 20,5 \times F}{30}$$

$$V_1 = - \frac{-6,4382\,F - 5,8472\,F + 20,5\,F}{30} = -0,2738\,F$$

XVI. — *Soit* (fig. 92) *une nef symétrique 1, 2, 3, 4, 5 ayant une portée de 30 m. dont les montants verticaux encastrés ont une longueur de 20 m. 5, les rampants une inclinaison de 0 m. 180 par m., on demande de calculer le moment d'encastrement de l'appui 1, les réactions horizontales et verticales agissant en ce point, la membrure de la travée étant soumise à une charge de* p *kg. par m. courant.*

Nous considérons tout d'abord la construction comme étant à appuis fixes et nous calculons les foyers. Cette opération a été faite à l'exercice précédent XV, puisque nous avons affaire à la même construction, nous ne recommencerons pas ces calculs. Nous faisons remarquer seulement que :

$$E_1 I_1 = E_2 I_2 = E_3 I_3 = E_4 I_4,$$

par hypothèse. La charge verticale p par m. courant de toiture peut se décomposer en 2 autres forces, une normale au rampant qui a pour valeur :

$$q = p \cos \alpha$$

et une qui lui est parallèle et qui provoquera un entraînement suivant l'axe de la membrure et dont la valeur est

$$q' = p \sin \alpha$$

par m. courant (fig. 93).

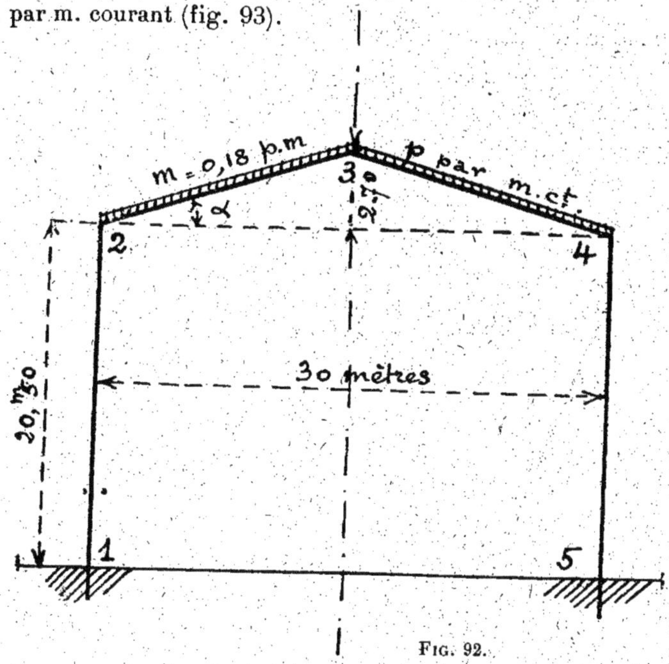

Fig. 92.

La construction étant symétrique, nous examinerons seulement la moitié de gauche de la travée.

En premier lieu, nous aurons une force donnant une réaction de la broche 2 qui aura pour valeur :

$$15,241 \times p \sin \alpha$$

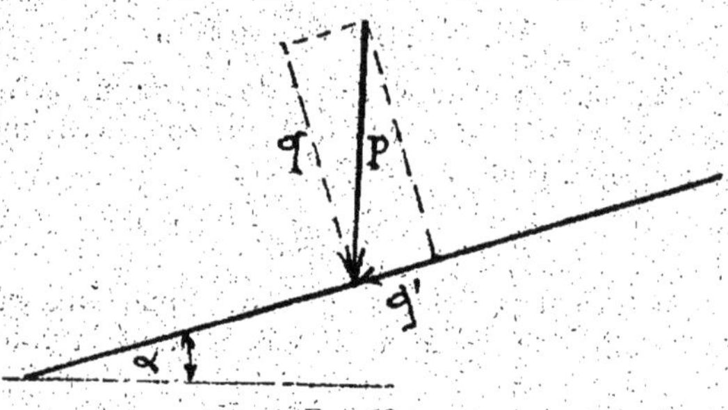

Fig. 93.

laquelle ramenée à l'horizontale aura comme expression :

$$\alpha_1 = 15,241 \times p. \sin \alpha \cos \alpha = 15,241\ q \sin \alpha.$$

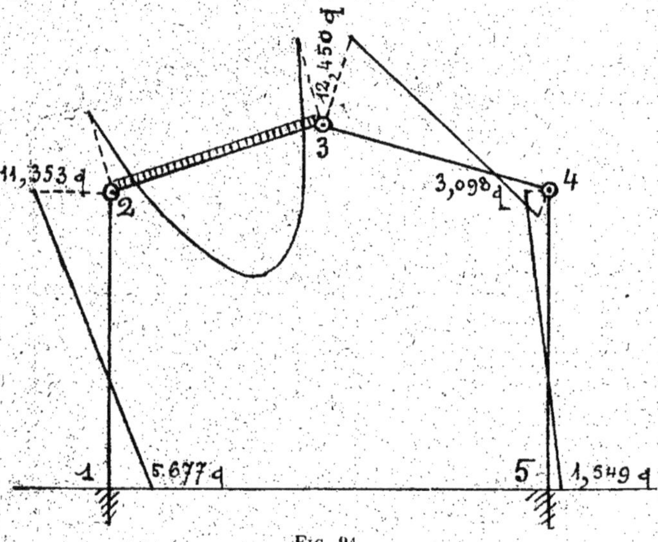

Fig. 94.

Réaction dirigée de gauche à droite.

Sur le rampant 2-3, dont nous connaissons les foyers,

pour avoir les moments M_2 et M_3, il suffira d'appliquer les formules du paragraphe 37.

$$U_2 = 3{,}037 \qquad U'_2 = 12{,}034$$
$$V_2 = 12{,}204 \qquad V'_2 = 3{,}207$$

(voir fig. 76 de l'application XV).

$$M_2 = -q\,\frac{3{,}037}{12{,}034 - 3{,}037} \times \frac{15{,}241}{6}\left(2 \times 12{,}034 - 3{,}027 - \frac{15{,}241}{2}\right)$$
$$= -11{,}353\ q.$$

$$M_3 = -q\,\frac{3{,}207}{8{,}997} \times \frac{15{,}241}{6}\left(\frac{15{,}241}{2} + 12{,}204 - 2 \times 3{,}037\right)$$
$$= -12{,}450\ q.$$

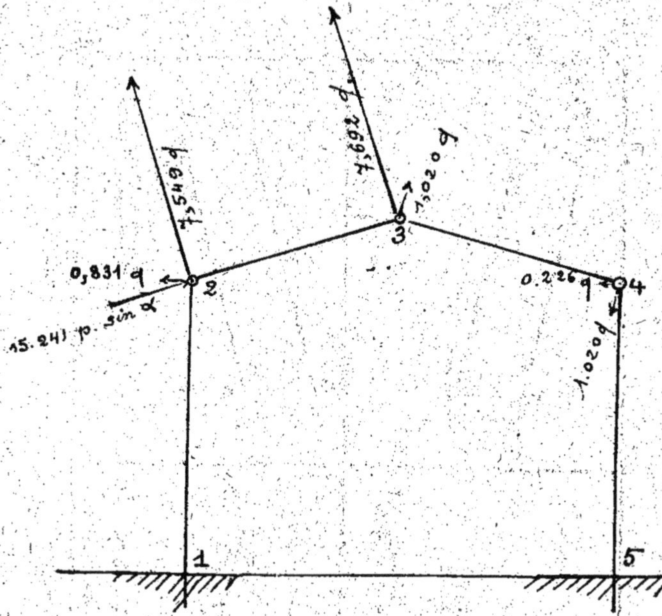

Fig. 95.

D'après les propriétés des foyers nous avons :

$$M_1 = \frac{11{,}353}{2}\,q = 5{,}677\,q$$

$$M_4 = \frac{3{,}037}{12{,}204} \times 12{,}450 = 3{,}098\,q$$

$$M_5 = -\frac{M_4}{2} = -1{,}549\,q$$

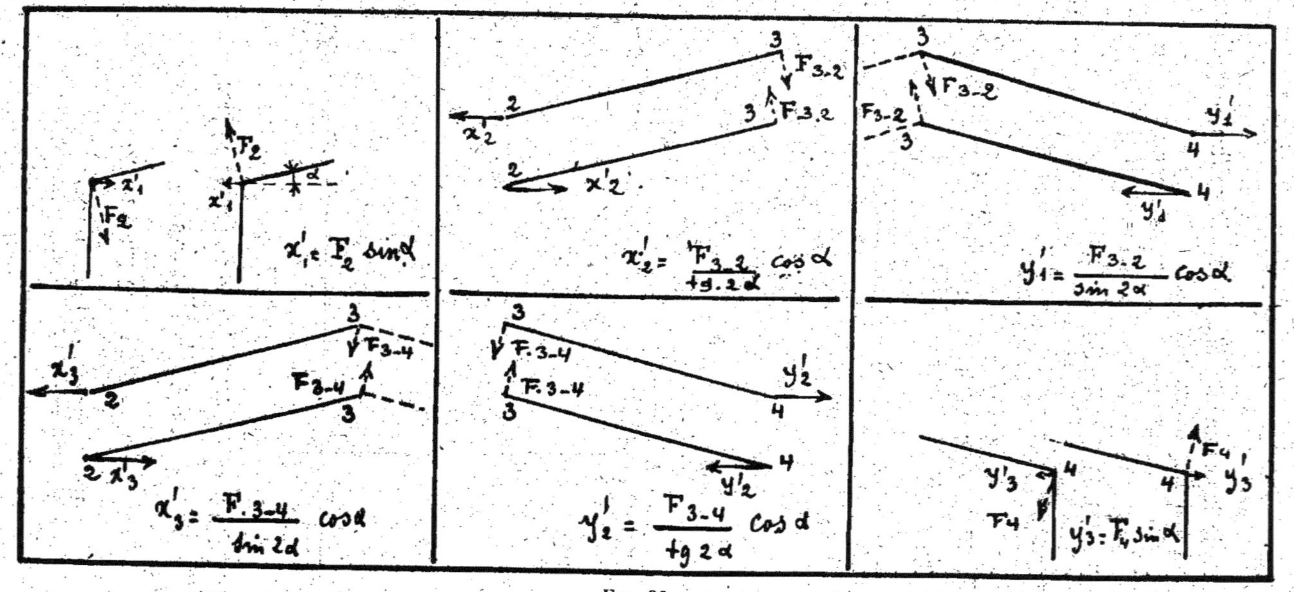

$x'_1 = F_2 \sin\alpha$
$x'_2 = \frac{F_{3.2}}{tg\, 2\alpha} \cos\alpha$
$y'_1 = \frac{F_{3.2}}{\sin 2\alpha} \cos\alpha$
$x'_3 = \frac{F_{3-4}}{\sin 2\alpha} \cos\alpha$
$y'_2 = \frac{F_{3-4}}{tg\, 2\alpha} \cos\alpha$
$y'_3 = F_4 \sin\alpha$

Fig. 96.

Les réactions des broches fictives, sont (fig 94 et 95) :

$$F_2 = \left(\frac{11,353 + 5,677}{20,50}\right) q = 0,831\, q$$

$$F'_2 = \frac{15,241}{2} q + \frac{11,353 - 12,450}{15,241} = 7,549\, q$$

$$F_3 = \frac{15,241}{2} q + \frac{12,450 - 11,353}{15,241} = 7,692\, q$$

$$F'_3 = \left(\frac{12,450 + 3,098}{15,241}\right) q = 1,020\, q$$

$$F'_4 = \left(\frac{3,098 + 1,549}{20,5}\right) q = 0,226\, q$$

En appliquant les formules du tableau ci-joint (fig. 96),

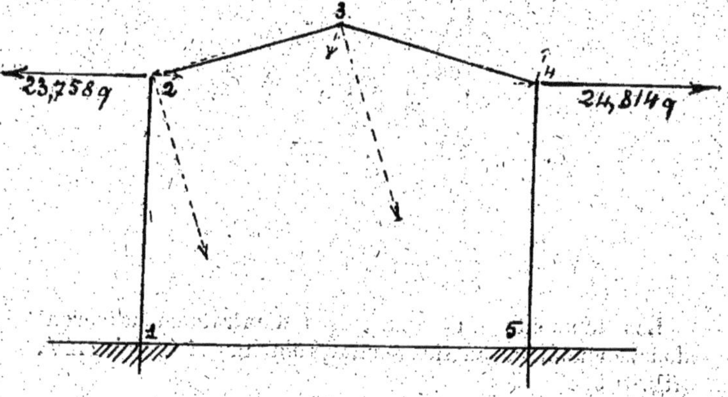

Fig. 97.

nous obtenons en ramenant toutes les forces à deux autres horizontales appliquées en 2 et 4.

Nous aurons ainsi au nœud 2 (fig. 97) :

$$-\varphi_1 = \qquad -15,241 \times \sin\alpha \,.\, q = -\ 2,700\, q$$

$$F_2 \qquad = \ 0,831\, q$$

$$7,549 \sin\alpha \qquad +\ 1,237\, q$$

$$\left.\begin{array}{l} -\dfrac{1,020}{\sin 2\alpha} \\ -\dfrac{7,692}{\operatorname{tg} 2\alpha} \end{array}\right\} \times \cos\alpha \qquad -\ 23,226\, q$$

$$\text{Au total} \ldots\ldots \quad -\ 23,758\, q$$

Pour le nœud 4.

F_4	$+ \ 0{,}226\, q$
$1{,}020 \sin \alpha$	$0{,}181\, q$
$\left.\begin{array}{c}\dfrac{1{,}020}{tg_2 \alpha} \\ \dfrac{7{,}692}{\sin 2\alpha}\end{array}\right\} \cos \alpha$	$24{,}407\, q$
Au total	$\overline{24{,}814\, q}$

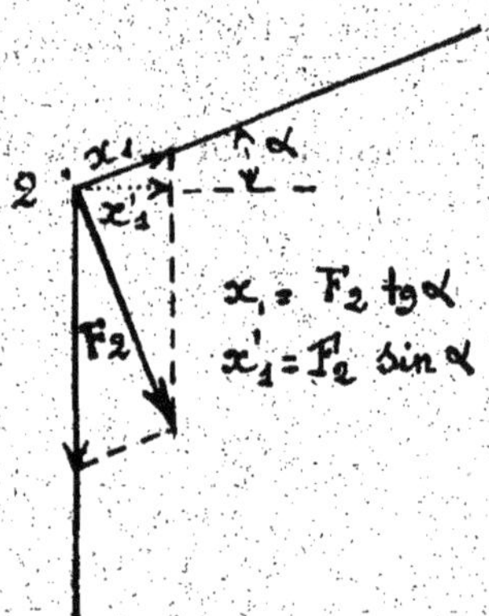

Fig. 98.

Les moments dus aux forces d'entraînement seront donc, en nous servant des résultats obtenus à l'exercice XV, (fig. 101) :

$$m_1 = + 6{,}4382 + 23{,}758 = + 152{,}958\, q$$
$$m_2 = - 4{,}5982 \times 23{,}758 = - 109{,}244\, q$$
$$m_3 = + 0{,}7546 \times 23{,}758 = + \ 17{,}927\, q$$
$$m_4 = + 3{,}6158 \times 23{,}758 = + \ 85{,}904\, q$$
$$m_5 = - 5{,}8472 \times 23{,}758 = - 138{,}918\, q$$

et (fig. 102) :

$$m'_1 = - 5{,}8472 \times 24{,}814 = - 145{,}092\, q$$
$$m'_2 = + 3{,}6158 \times 24{,}814 = \ 89{,}722\, q$$
$$m'_3 = + 0{,}7546 \times 24{,}814 = \ 18{,}724\, q$$
$$m'_4 = - 4{,}5982 \times 24{,}814 = - 114{,}099\, q$$
$$m'_5 = + 6{,}4382 \times 24{,}814 = - 159{,}758\, q$$

d'où pour le déplacement (fig. 103) :

$$m''_1 = (- 152{,}958 - 145{,}092)\, q = - \ 7{,}846\, q$$
$$m''_2 = (- 109{,}244 + \ 89{,}722)\, q = - 19{,}522\, q$$

$$m''_3 = (\quad 17,927 + 18,724)\, q = -36,651\, q$$
$$m''_4 = (\quad 85,904 - 114,099)\, q = -28,195\, q$$
$$m''_5 = (-138,918 + 159,759)\, q = \quad 20,839\, q$$

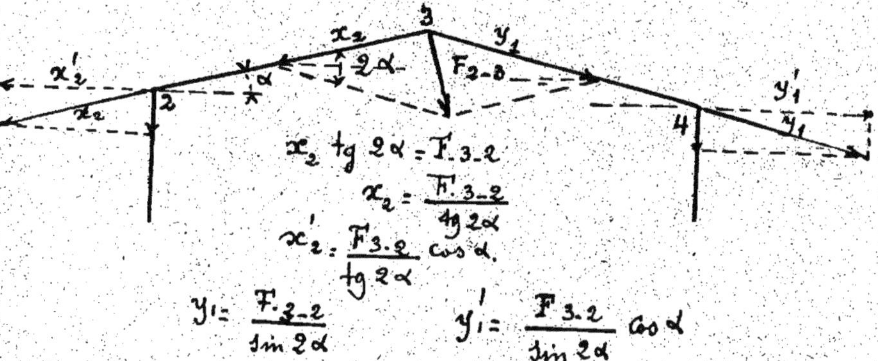

Fig. 99.

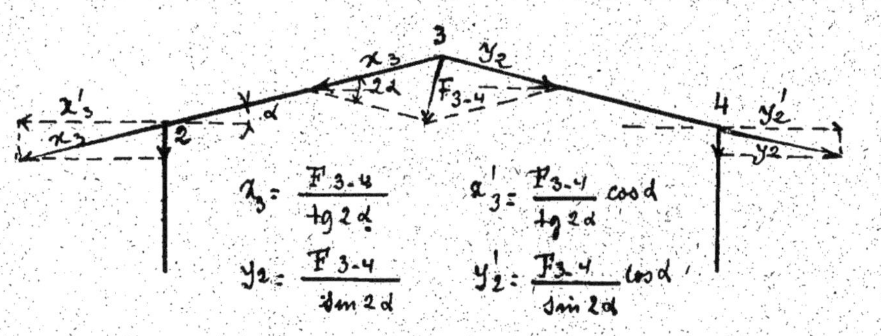

Fig. 100.

Ajoutons algébriquement ces moments à ceux du système à broches fictives fixes, nous obtenons ainsi :

$$M''_1 = (+ \quad 5,677 + \quad 7,846)\, q = \quad 13,523\, q$$
$$M''_2 = (- 11,353 - 19,522)\, q = -30,875\, q$$
$$M''_3 = (- 12,450 - 36,651)\, q = \quad 24,201\, q$$
$$M''_4 = (+ \quad 3,098 - 28,195)\, q = -25,097\, q$$
$$M''_5 = (- \quad 1,549 + 20,839)\, q = \quad 19,290\, q$$

Au début de cette application nous avons établi la relation :

$$q = p \cos \alpha$$

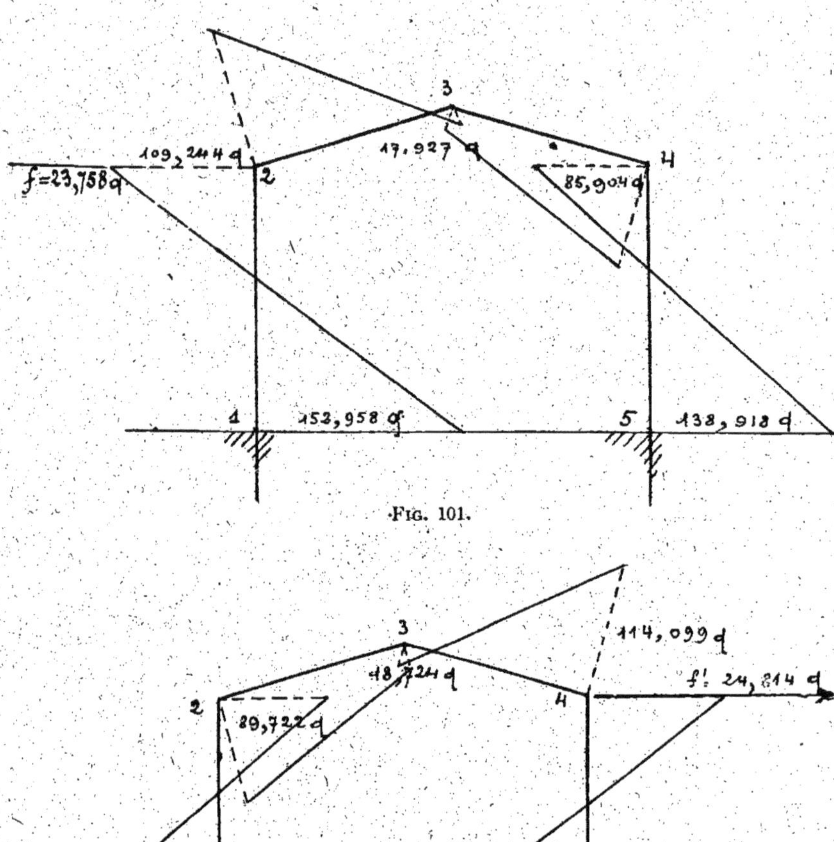

Fig. 101.

Fig. 102.

Pour avoir ces moments en fonction de p, il suffira

donc de les multiplier par cos α, nous aurons ainsi (fig. 104) :

$$
\begin{aligned}
M''_1 &= \quad 13,523\,p \cos\alpha = \quad 13,278\,p \\
M''_2 &= -30,875\,p \cos\alpha = -30,386\,p \\
M''_3 &= \quad 24,201\,p \cos\alpha = +23,818\,p \\
M''_4 &= -25,097\,p \cos\alpha = -24,700\,p \\
M''_5 &= \quad 19,290\,p \cos\alpha = \quad 18,985\,p
\end{aligned}
$$

Pour la moitié de droite, nous aurons la même série de moments, mais répartie symétriquement par rapport à la

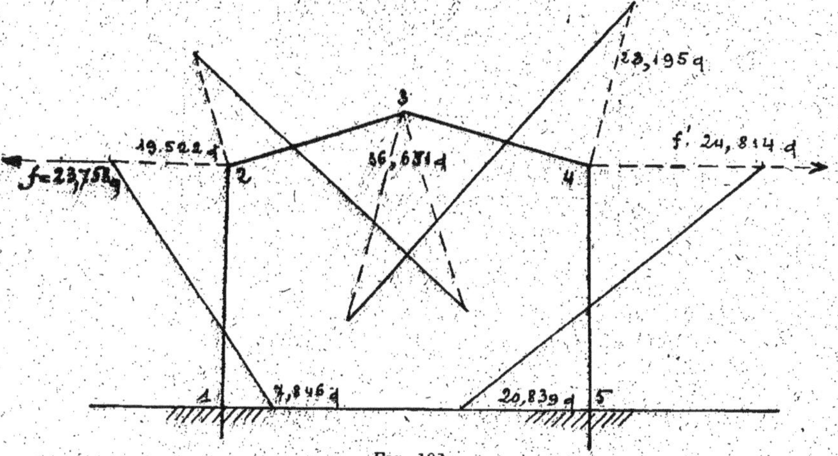

FIG. 103.

première, nous aurons donc ceux que nous nous sommes proposés d'établir, par la sommation algébrique suivante (fig. 105) :

$$
\begin{aligned}
M_1 &= \quad (13,278 + 18,985)\,p = 32,293\,p \\
M_2 &= -(30,386 + 24,700)\,p = 55,086\,p \\
M_3 &= 2 \times 23,818\,p = 47,636\,p \\
M_4 &= M_2 = \ .\ \ . \ = 55,086\,p \\
M_5 &= M_1 = \ .\ \ . \ = 32,293\,p
\end{aligned}
$$

Le moment d'encastrement cherché est pour l'appui 1 :

La réaction horizontale sera donnée par la formule connue ;

$$M = 32,293\,p.$$

$$H_1 = \frac{M_2 - M_1}{h} = \frac{(55,086 + 32,293)\,p}{20,50} = -4,262\,p.$$

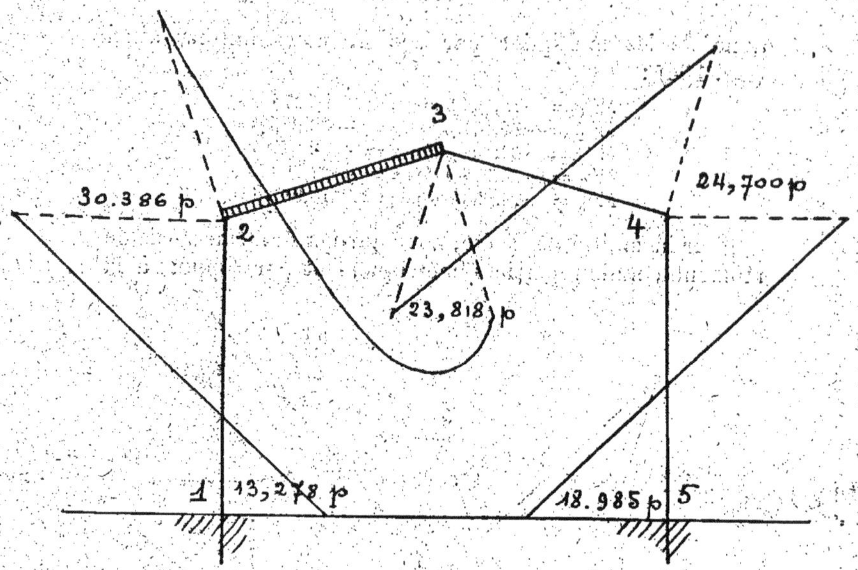

Fig. 104.

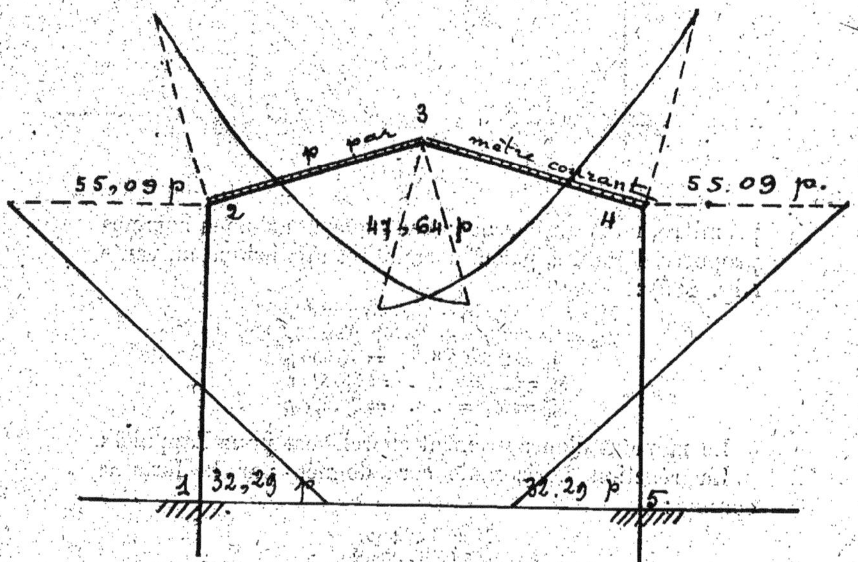

Fig. 105.

La réaction verticale au même point est évidemment :

$$V_1 = \frac{p.l}{\cos \alpha},$$

eu égard à la symétrie de la construction et de la répartition des charges, c'est-à-dire :

$$V_1 = 15.241\,p.$$

D. — PONT ROULANT

XVII. — *Soit une nef symétrique 1.2.3.4.5, représentée par le dessin ci-après dont les montants verticaux encastrés ont une longueur de 20 m. 50, les rampants une inclinaison de 0 m. 18 par mètre, on demande de calculer le moment d'encastrement de l'appui 1, les réactions horizontales et verticales en ce point, un pont roulant étant établi à 13 m. 50 du sol, ses chemins étant à 1 m. 80 des montants verticaux, les réactions étant de 91 tonnes pour le chemin de gauche (réaction maximum) et de 44 tonnes pour celui de droite* (fig. 106).

Pour ce problème nous suivrons toujours notre marche générale qui consiste à considérer la construction comme étant à appuis fixes et ensuite la prendre entièrement déchargée comme étant à appuis mobiles, en appliquant aux nœuds des forces de même direction mais de sens contraire aux réactions trouvées, pour les broches des appuis fictifs.

Prenons (fig. 107) tout d'abord le cadre à appuis fixes soumis à l'action du moment :

$$M = 1{,}8 \times 91^{t} = 163.800 \text{ kgmts}$$

que nous considérons comme incident entre appuis d'une poutre continue, problème que nous avons examiné et résolu au paragraphe 41 de notre traité général, où se trouvent les formules suivantes donnant les moments correspondants des appuis voisins :

$$M_{n-1} = -\frac{M}{l_n^2}\,\frac{V_n}{U'_n - U_n}\left[(2\,U'_n - V'_n)(l_n - 2_a) + a(3_a - 2l_n)\right]$$

$$M_n = +\frac{M}{l_n^2}\,\frac{V'_n}{U'_n - U_n}\left[(2\,U_n - V_n)(l_n - 2_a) + a(3_a - 2l_n)\right]$$

dans lesquelles nous ferons :

$$M_2 = 1{,}8 \times 91^T = 163.800 \text{ kgmts}$$

$$l_n = 20{,}50 \qquad U_n = 6{,}833 \qquad V_n = 13{,}667$$

$$U'_n = 15{,}713 \qquad V'_n = 4{,}787 \qquad a = 13{,}50$$

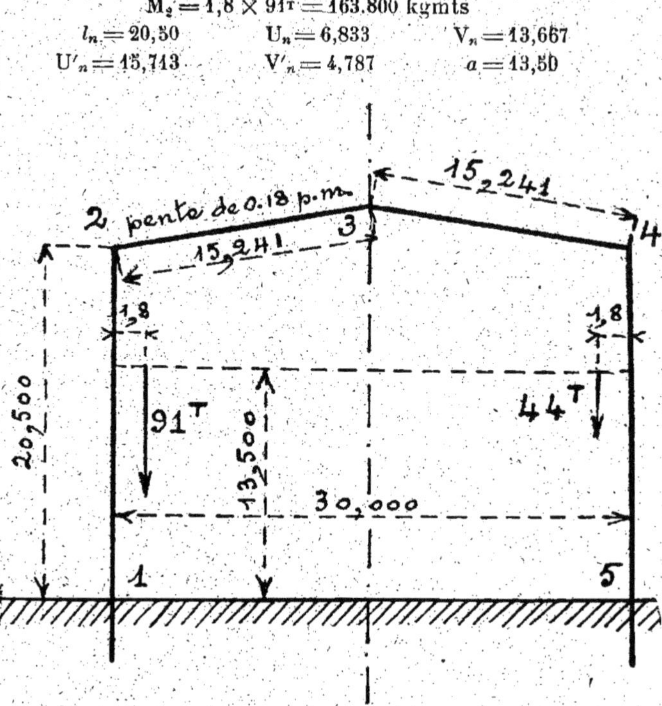

Fig. 106.

nous en tirons :

$$M_1 = -\frac{163.800}{20{,}5^2} \times \frac{6{,}833}{15{,}713 - 6{,}833}$$

$$[(2 \times 15{,}713 - 4{,}787)(20{,}5 - 2 \times 13{,}5) + 13{,}5(3 \times 13{,}5 - 2 \times 20{,}5]$$

$$= + 53.956 \text{ kgmts.}$$

et :

$$M_2 = + \frac{163.800}{20.5^2} \times \frac{4{,}787}{15{,}713 - 6{,}833}$$

$$(2 \times 6{,}833 - 13{,}667)(20{,}5 - 2 \times 13{,}5) + 13{,}5(3 \times 13{,}5 - 2 \times 20{,}5)]$$

$$= - 1.418 \text{ kgmts.}$$

Pour la représentation graphique des moments entre 1 et 2, nous suivrons la marche indiquée au dit paragraphe 41 de notre traité. C'est-à-dire que nous arrivons à considérer la travée 1-2 comme étant libre et isolée et nous y reproduirons graphiquement les moments qui seraient provoqués par un moment incident entre appuis de 163.800 kgmts, et agissant à 13 m. 50 de l'appui 1 (fig. 108).

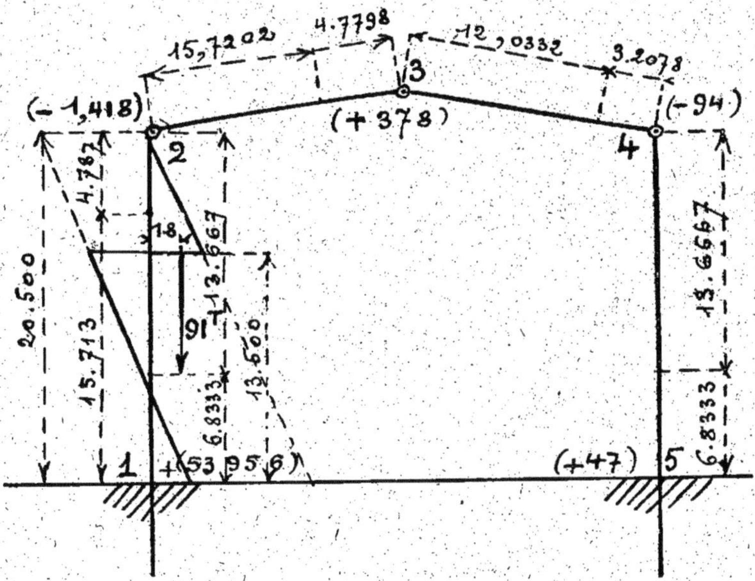

FIG. 107.

La réaction en 1 sera donnée par l'équation d'équilibre du point 2, c'est-à-dire par :

$$v_1 \times 20{,}5 + 163{,}800 = 0$$

ce qui nous conduit à la construction géométrique de la figure 108. En 1 nous abaissons une perpendiculaire 1 m, à la direction 1.2 et nous portons une longueur proportionnelle à 163.800. En 2 nous élevons de même une perpendiculaire sur laquelle nous portons une longueur 2 n, égale à 1 m. Il est évident que la ligne représentative des moments est donnée par le contour en trait épais

$$1.\,\beta.\,\gamma.\,2.$$

Mais nous avons calculé précédemment les moments réels existants en 1 et en 2. Pour avoir la ligne de fermeture, il suffira de porter à partir de 1, dans la direction m 1, une longueur 1 p proportionnelle à 53.956 kgmts et à partir de 2 dans la direction n 2 une longueur 2 q pro-

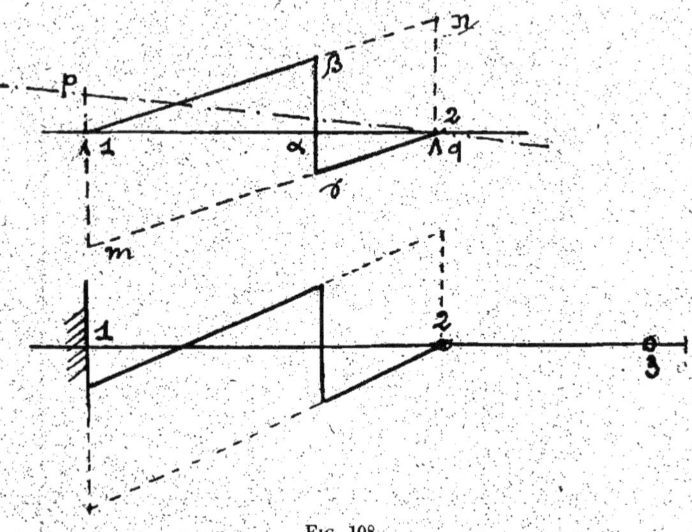

Fig. 108.

portionnelle à 1.418 kgmts, car M_1 est affecté du signe + tandis que M_2 l'est du signe —.

Nous avons donc pq, qui est la ligne de fermeture cherchée.

En reportant ce graphique sur la figure 2, nous avons les lignes représentatives de la construction donnée, considérée comme ayant des appuis fixes à rotules fictives aux points 2, 3 et 4.

Nous obtenons M_3, M_4 et M_5 en appliquant les propriétés des foyers et nous avons ainsi :

$$M_3 = \frac{3,207}{12,034} \times 1,418 = 373 \text{ kgmts}$$

$$M_4 = - M_3 \times \frac{3,037}{12,204} = - 94 \text{ kgmts}$$

$$M_5 = \frac{M_4}{2} = 47 \text{ kgmts.}$$

Pour trouver la réaction en 2, provenant de la partie 1-2, écrivons l'équation d'équilibre de l'appui 1.

$$- M_1 = M - M_2 - h \times R_2$$

d'où :

$$R_2 = \frac{M}{h} + \frac{M_1 - M_2}{h}$$

c'est-à-dire :

$$R_2 = \frac{163.800}{20,50} + \frac{53.956 + 1.418}{20,50} = 10.691 \text{ kgs.}$$

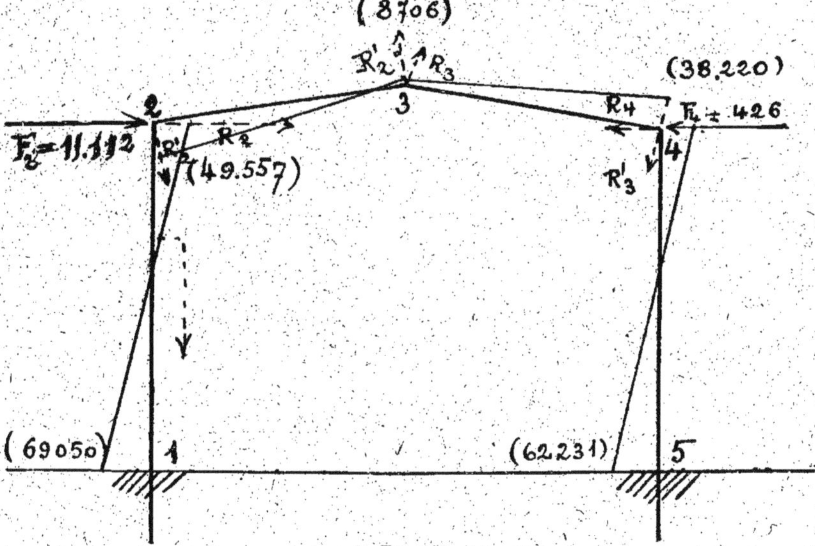

FIG. 109.

Les autres réactions des broches fictives seront calculées à l'aide des formules connues et nous obtenons :

$$R'_2 = \frac{1.418 + 378}{15,241} = 118 \text{ kgs}$$

$$R_3 = \frac{378 + 94}{15,241} = 31 \text{ kgs.}$$

$$R_4 = \frac{94 + 47}{20,5} = 7 \text{ kgs.}$$

Aux moments trouvés précédemment et indiqués à la figure 107, il faut ajouter, ceux provoqués par des forces d'intensités identiques appliquées aux nœuds correspondants, ces forces étant changées de signe.

L'action de ces forces peut être ramenée à celle de deux autres appliquées aux sommets 2 et 5. Pour ce faire, nous appliquerons les formules données par le tableau que nous avons établies dans ce but à l'application XVI.

En 2 nous aurons (fig. 109) une force horizontale dirigée de gauche à droite.

$$F_2 = R_2 + R'_2 \left(\sin\alpha + \frac{\cos\alpha}{\operatorname{tg} 2\alpha}\right) + R_3 \frac{\cos\alpha}{\sin 2\alpha}$$

c'est-à-dire.

$R_2 =$	10.691
$118 \sin\alpha =$	21
$\frac{118 \cos\alpha}{\operatorname{tg} 2\alpha} =$	312
$\frac{31}{\sin 2\alpha} \cos\alpha =$	88
$F_2 =$	11.112 kgs.

La force horizontale qui sera appliquée en 4 agira de droite à gauche et a pour valeur :

$$F_4 = R'_2 \frac{\cos\alpha}{\sin 2\alpha} + R_3 \left(\sin\alpha + \frac{\cos\alpha}{\operatorname{tg} 2\alpha}\right) + R_4$$

c'est-à-dire :

$R_4 =$	7
$\frac{118 \cos\alpha}{\sin 2\alpha} =$	332
$31 \sin\alpha$	5
$\frac{31 \cos\alpha}{\operatorname{tg} 2\alpha}$	82
$F_4 =$	426 kgs.

Les forces d'entraînement seront donc en 2, une force de 11 112 kg. dirigée de gauche à droite et en 4 une force de 426 kg. dirigée en sens inverse.

Celles-ci provoqueront des moments que nous obtenons en appliquant les formules de l'application XV.

Pour F_2 :

$$m_1 = -6{,}4382 \times 11.112 = -71.541$$
$$m_2 = +4{,}5984 \times 11.112 = \quad 51.097$$
$$m_3 = -0{,}7546 \times 11.112 = -\ 8.385$$
$$m_4 = -3{,}6158 \times 11.112 = -40.179$$
$$m_5 = +5{,}8472 \times 11.112 = +64.974$$

Pour F_4 :

$$m'_1 = +5{,}8472 \times 426 = \quad 2.491$$
$$m'_2 = -3{,}6158 \times 426 = -1.540$$
$$m'_3 = -0{,}7546 \times 426 = -\ 321$$
$$m'_4 = +4{,}5984 \times 426 = +1.959$$
$$m'_5 = -6{,}4382 \times 426 = -2.743$$

Les moments résultants des actions simultanées de

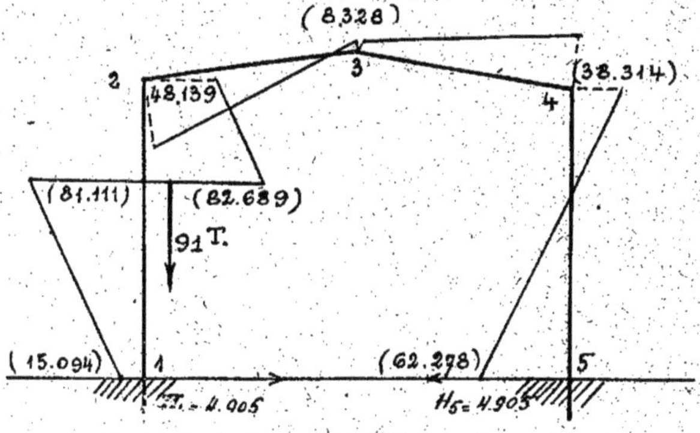

Fig. 110.

ces deux forces, sont donnés par les sommations suivantes :

$$m_1 + m'_1 = -71.541 + 2.491 = -69.050$$
$$m_2 + m'_2 = +51.097 - 1.540 = -49.557$$
$$m_3 + m'_3 = -\ 8.385 - \ 321 = -\ 8.706$$
$$m_4 + m'_4 = -40.179 + 1.959 = -38.220$$
$$m_5 + m'_5 = +64.974 - 2.743 = +62.231$$

En ajoutant respectivement ces moments à :

$$M_1,\ M_2,\ M_3,\ M_4 \text{ et } M_5$$

précédemment calculés nous obtenons ceux cherchés pour l'action du moment incident (fig. 110) :

$$M = 1.8 \times 91^{T} = 163.800 \text{ kgmls}$$
$$M'_1 = +\,53.956 - 69.050 = -\,15.094$$
$$M'_2 = +\,1.418 + 49.557 = +\,48.139$$
$$M'_3 = +\,378 + 8.706 = -\,8.328$$
$$M'_4 = -\,94 + 38.220 = -\,38.314$$
$$M'_5 = +\,47 + 62.231 = 62.278$$

Pour la charge de 44 tonnes, relative au chemin de roulement de droite, nous aurons la même série de moments symétriquement répartie, mais réduite dans le rapport

$$\frac{44}{91}$$

ce qui nous donne (fig. 111) :

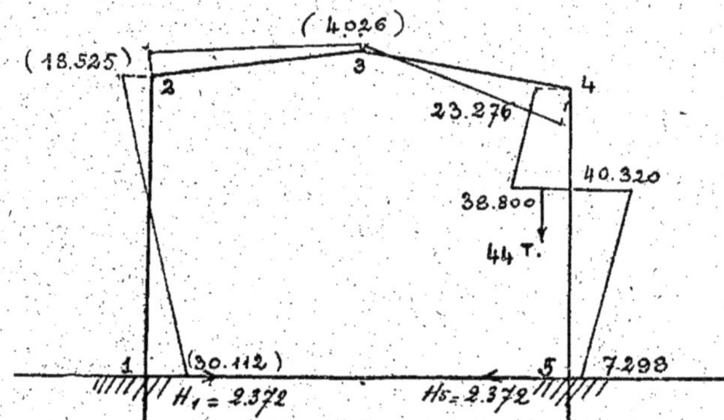

Fig. 111.

$$M''_1 = +\,62.278 \times \frac{44}{91} = 30.112$$
$$M''_2 = -\,38.314 \times \frac{44}{91} = -\,18.525$$
$$M''_3 = -\,8.328 \times \frac{44}{91} = -\,4.026$$
$$M''_4 = +\,48.139 \times \frac{44}{91} = 23.276$$
$$M''_5 = -\,15.094 \times \frac{44}{91} = 7.298$$

Les moments cherchés seront, en les désignant par la lettre A.

$$A_1 = -15.094 + 30.112 = +15.018$$
$$A_2 = +48.139 - 18.525 = +29.614$$
$$A_3 = -8.328 - 4.026 = -12.354$$
$$A_4 = -38.314 + 23.276 = -15.0,8$$
$$A_5 = 62.278 - 7.298 = 54.980$$

La réaction horizontale au point 1 sera donnée (fig. 112)

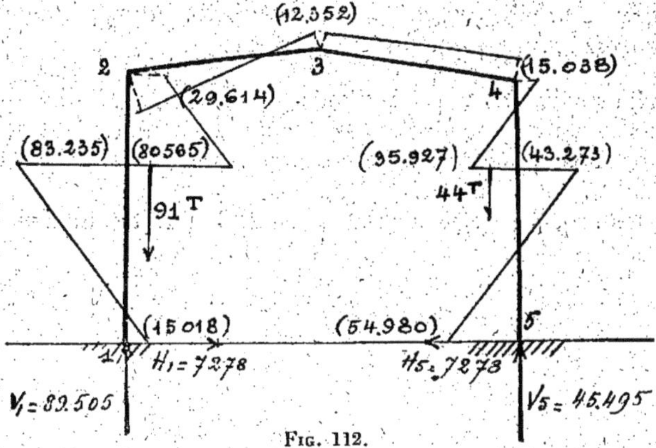

Fig. 112.

en écrivant l'équation d'équilibre du point 2, c'est-à-dire :

$$15.018 + 20{,}5\,H_1 + 1{,}8 \times 91^{T} = 29.614$$

D'où :

$$H_1 = \frac{29.614 - 163.800 - 15.018}{20{,}5} = -7^{T}\,278$$

Cette réaction est la même à l'appui 5.

Pour avoir la réaction verticale à l'appui 1, nous écrirons l'équation d'équilibre de l'appui 5.

Nous avons :

$$15.018 + 30\,V_1 - 91^{T} \times 28{,}2 - 44 \times 1{,}8 \times 54.980$$

d'où :

$$V_1 = \frac{54.980 + 2.566.000 + 79.200 - 15.018}{30}$$

$$V_1 = 90^{\,T},012$$

XVIII. — *Soit une ferme symétrique 1, 2, 3, 4, 5 représentée par le dessin ci-dessous dont les montants verticaux encastrés ont une longueur de 20 m. 50, les rampants une inclinaison de 0 m. 180 par mètre, on demande de calculer le moment d'encastrement de l'appui 1, les réactions horizontales et verticales en ce point, cette construction étant soumise à l'action d'une charge* p *par mètre courant, uniformément répartie sur le montant 1-2* (fig. 113).

Nous suivrons notre méthode générale, c'est-à-dire que nous considérerons cette construction comme étant tout d'abord à appuis fixes et ensuite comme étant à appuis mobiles.

Des broches fictives existant en 2, 3 et 4 et connaissant

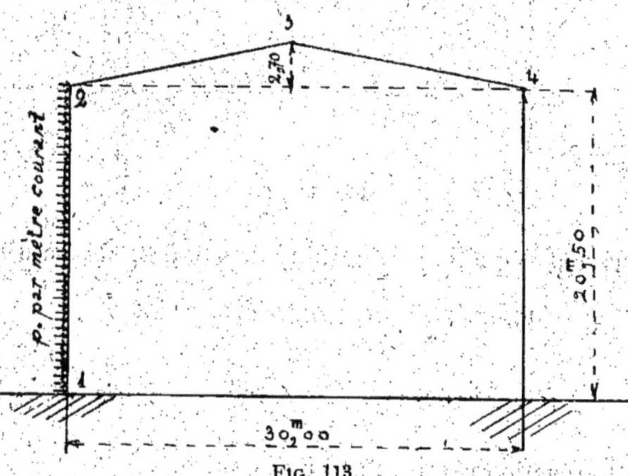

FIG. 113.

les foyers fixes que nous avons calculés à l'exercice XV, nous obtenons les moments aux appuis 1 et 2 en appliquant les formules suivantes du paragraphe 35 de notre traité général :

$$M_{n-1} = -p \frac{U}{U_n' - U_n} \cdot \frac{l_n}{6} \cdot \left(2\,U_n' - V_n' - \frac{l_n}{2}\right)$$

$$M_n = -p \frac{V_n'}{U'_n - U_n} \times \frac{l_n}{6} \left(\frac{l_n}{2} + V_n - 2\,V_n\right)$$

où

$$l_n = 20{,}5 \quad U_n = 6{,}8333 \quad U_n' = 15{,}7202$$
$$V_n = 13{,}6667 \quad V_n' = 4{,}7798$$

$$M_1' = -p \times \frac{6{,}8333}{15{,}7202 - 6{,}8333} \times \frac{20{,}5}{6}$$

$$\left(2 \times 15{,}7202 - 4{,}7798 - \frac{20{,}5}{2}\right) = -43{,}1129\,p$$

$$M_2' = -p \times \frac{4{,}7798}{15{,}7202 - 6{,}8333} \times \frac{20{,}5}{6} \times 10{,}25 = -18{,}8387\,p$$

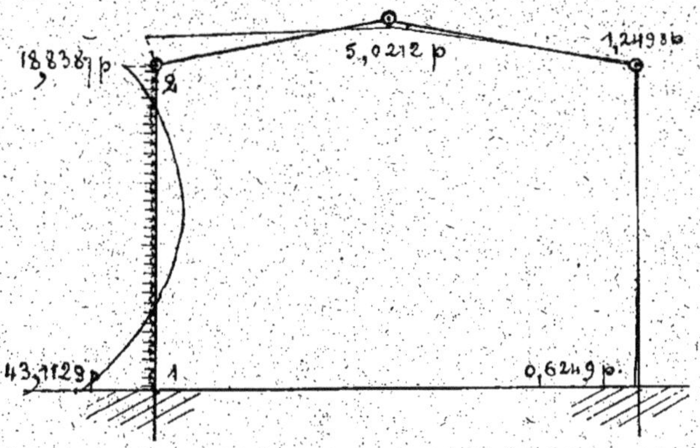

Fig. 114.

et d'après les propriétés des foyers ordinaires, nous avons :

$$M_3' = 18{,}8387 \times \frac{3{,}2078}{12{,}0332} = 5{,}0212\,p$$

$$M_4' = -5{,}0212 \times \frac{3{,}0375}{12{,}2035} = -1{,}2498\,p$$

$$M_5' = -\frac{M_4'}{2} = +0{,}6249\,p.$$

Les réactions des broches fictives sont donc :

$$F_2 = \frac{20{,}5}{2}\,p + \frac{-43{,}1129 + 18{,}8387}{20{,}5}\,p = 9{,}0659\,p$$

$$F_2' = \frac{18,8387 + 5,0212}{15,241}\ p = 1,5654\ p$$

$$F_3' = \frac{5,0212 + 1,2498}{15,241}\ p = 0,4114\ p$$

$$F_4' = \frac{1,2498 + 0,6249}{20,50} = 0,0915\ p$$

Toutes ces réactions étant changées de sens seront ramenées à deux forces horizontales respectivement appliquées aux sommets 2 et 4 ; nous avons les valeurs de celles-ci, en nous servant du tableau annexé à l'application XVI et sachant que :

$$\sin \alpha = \frac{2,70}{15,241}\ ,\quad \frac{\cos \alpha}{\operatorname{tg} 2\alpha} = 2,6452\ ,\quad \frac{\cos \alpha}{\sin 2\alpha} = 2,8222.$$

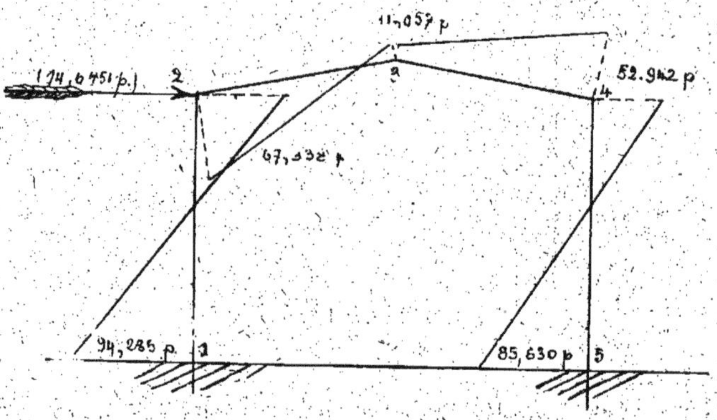

Fig. 115.

Nous avons donc pour la force horizontale d'entraînement appliquée au sommet 2 :

F_2	$9,0659\ p$
$\dfrac{1,5654 \times 2,70\ p}{15,241}$	$0,2773\ p$
$1,5654 \times 2,6452\ p$	$4,1409\ p$
$0,414 \times 2,8222\ p$	$1,1610\ p$
	$14,6451\ p$

Et pour la force horizontale d'entrainement appliquée au sommet 4, on a :

$F_4 =$ . . . . $0{,}0915\,p$

$\dfrac{0{,}4114 \times 2{,}7\,p}{15{,}241}$ . . . . $0{,}0729\,p$

$0{,}4114 \times 2{,}6452\,p$. . . . . $1{,}0882\,p$

$1{,}5654 \times 2{,}8222\,p$. . . . . $4{,}4179\,p$

$5{,}6705\,p$

Pour avoir les moments provoqués par ces forces d'en-

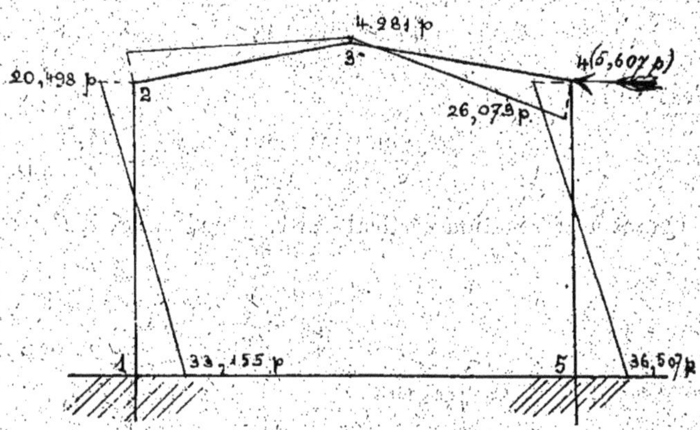

Fig. 116.

trainement, il nous reste à appliquer les résultats que nous avons obtenus au XVe exercice, c'est-à-dire pour la force appliquée en 2 :

$$m_1 = -6{,}438 \times 14{,}645 = -94{,}285\,p$$
$$m_2 = 4{,}598 \times - - = 67{,}338\,p$$
$$m_3 = -0{,}755 \times - - = -11{,}057\,p$$
$$m_4 = -3{,}615 \times - - = -52{,}942\,p$$
$$m_5 = 5{,}847 \times - - = +85{,}630\,p$$

et pour la force apppliquée en 4 :

$$m_1' = 5{,}847 \times 5{,}6705\,p = 33{,}155\,p$$
$$m_2' = 3{,}615 \times - - = -20{,}498\,p$$
$$m_3' = 0{,}755 \times - - = -4{,}281\,p$$
$$m_4' = 4{,}598 \times - - = 26{,}073\,p$$
$$m_5' = 6{,}438 \times - - = -36{,}507\,p$$

Nous avons finalement, en ajoutant ces moments à ceux trouvés pour le cadre à appuis fixes :

$$
\begin{aligned}
M_1 &= -43,113\,p - 94,285\,p + 33,155\,p = -104,243\,p\\
M_2 &= -18,839\,p + 67,338\,p - 20,498\,p = 28,001\,p\\
M_3 &= 5,021\,p - 11,057\,p - 4,281\,p = -10,317\,p\\
M_4 &= -1,250\,p - 52,942\,p + 26,073\,p = -28,119\,p\\
M_5 &= 0,625\,p + 85,630\,p - 36,507\,p = 49,748\,p.
\end{aligned}
$$

La réaction horizontale au point 1, sera obtenue par l'expression suivante :

$$H_1 = \frac{20,5p}{2} + \frac{M_2 - M_1}{h},$$

c'est-à-dire :

$$H_1 = \left(10,25 + \frac{28,001 + 104,243}{2}\right) p = 16,701\,p.$$

Quant à la réaction verticale en 1, pour l'avoir, il nous

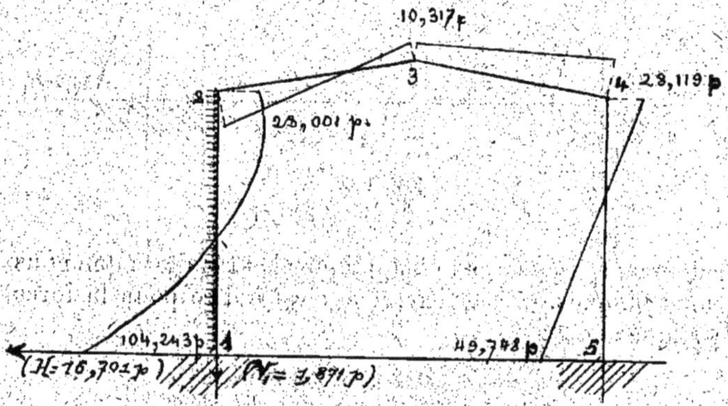

Fig. 117.

suffit d'écrire l'équation d'équilibre de l'appui 5, c'est-à-dire :

$$-104,243\,p + 30\,V_1 + 20,5 \times 10,25\,p = 49,748\,p$$

d'où

$$V_1 = -1,871\,p.$$

VENT ET NEIGE

XIX. — *Soit une ferme symétrique 1, 2, 3, 4 et 5 représentée par le dessin ci-dessous (fig. 118) dont la portée est de 30 mètres et les montants verticaux encastrés ont une longueur de 20 m. 50, les rampants une inclinaison de 0 m. 180 par mètre, on demande de calculer le moment d'encastrement de l'appui 1, les réactions*

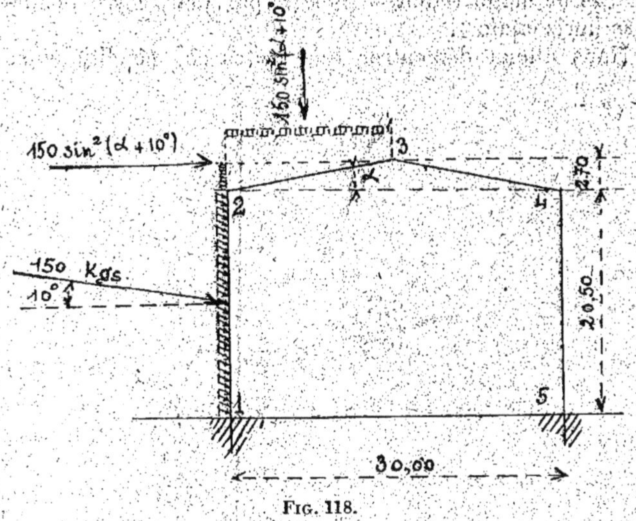

Fig. 118.

horizontales et verticales en ce point, cette construction étant soumise à l'action du vent et de la neige.

Pour ces surcharges nous adopterons celles qui sont imposées par le règlement du 25 janvier 1902 et modifié le 17 février 1903, sur les halles à voyageurs et à marchandises des chemins de fer et figurant à l'article 3, que nous reproduisons ci-après :

« On admettra que la surcharge de neige peut atteindre 60 kgr. par mètre carré de surface horizontale et la pression du vent soufflant d'un seul côté, 150 kgr. par mètre carré de surface normale à sa direction. Cette dernière est supposée dirigée vers la terre, suivant un angle de 10 degrés avec l'horizontale.

Si α est en degrés l'angle d'inclinaison de la toiture, on pourra remplacer l'action du vent par une surcharge verticale égale à 150 kg. $\sin^2 (\alpha + 10^o)$ par mètre carré de surface couverte et une poussée horizontale ayant même valeur par mètre carré de surface en élévation. On admettra que le vent maximum peut se produire même après une chute de neige; mais dans ce cas on supposera la charge de neige réduite à 30 kgr. par mètre carré de surface horizontale ».

Nous allons démontrer que toutes ces conditions se

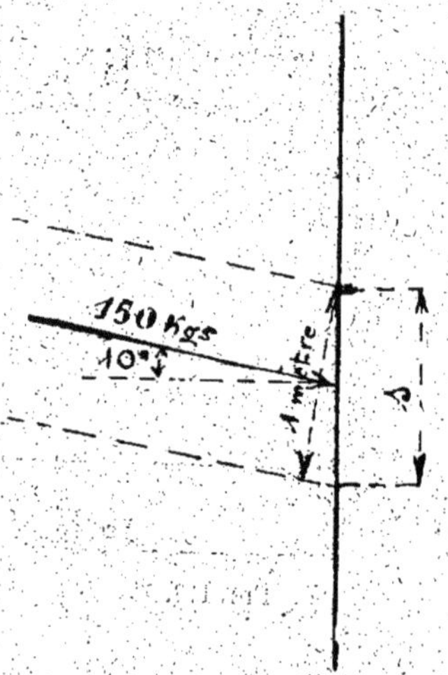

Fig. 119.

ramènent pour notre cas à la solution de deux problèmes, l'un correspondant à une surcharge uniformément répartie sur le rampant 2-3 et le second une autre surcharge uniformément répartie sur le montant 1-2.

Ces deux problèmes, ayant été résolus aux applications XVI et XVII, nous n'aurons plus que des opérations numériques à effectuer.

En nous conformant aux prescriptions du règlement cidessus, on voit (fig. 119) qu'à une pression de 150 kgr.

pour une longueur de 1 mètre comptée suivant une direction perpendiculaire à celle de la pression, correspond, pour un ouvrage ayant 1 mètre de profondeur, une surface de S mètres carrés agissant sur le montant vertical. Cette surface est soumise à la composante horizontale de 150 kgr. qui est de 150 cos 10° et à la composante verticale qui est 150 sin 10°, mais d'autre part on a la rela-

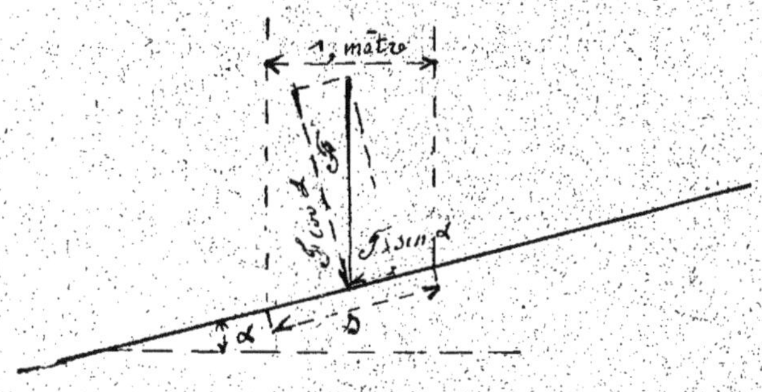

Fig. 120.

tion S cos 10° = 1, c'est-à-dire $S = \frac{1}{\cos 10^\circ}$; nous aurons donc comme pression horizontale par mètre courant du montant vertical :

$$p = 150 \cos 10^\circ : \frac{1}{\cos 10^\circ} = 150 \cos^2 10^\circ$$

et comme pression verticale :

$$p' = 150 \sin 10^\circ : \frac{1}{\cos 10^\circ} = 150 \sin 10^\circ \cos 10^\circ = 75 \sin 20^\circ$$

Pour la charge due au vent sur le rampant 2-3, elle est composée de deux éléments l'un de 150 kgr. $\sin^2 (\alpha + 10^\circ)$ par mètre carré de projection horizontale, l'autre de même quantité par mètre de projection verticale.

Prenons la première partie (fig. 120) de cette action et désignons pour plus de simplicité l'expression 150 kgr. $\sin^2 (\alpha + 10^\circ)$ par F. Cet effort F qui agit sur un élément S du rampant peut se décomposer en une action normale à celui-ci et une autre parallèle à sa direction. Nous obtenons ainsi F $\cos\alpha$ et F $\sin\alpha$, ces forces agissent sur S, qui correspond à l'expression $S\cos\alpha = 1$, d'où $S = \frac{1}{\cos\alpha}$ et finalement par unité de longueur du rampant nous avons un effort normal

$$F\cos\alpha : \frac{1}{\cos\alpha} = F\cos^2\alpha$$

et un effort tangentiel

$$F\sin\alpha : \frac{1}{\cos\alpha} = F\sin\alpha\cos\alpha = \frac{F}{2}\sin 2\alpha.$$

Fig. 121.

Pour la pression horizontale qui est aussi de 150 $\sin_2(\alpha + 10^\circ)$, si nous la désignons par F, et si nous faisons la même suite de raisonnements que précédemment, nous voyons que l'on a deux forces (fig. 121), l'une normale $F\sin\alpha$, l'autre parallèle au rampant $F\cos\alpha$; $S\sin\alpha = 1$; d'où par unité de longueur, une force normale de

$$F\sin\alpha : \frac{1}{\sin\alpha} = F\sin^2\alpha$$

et parallèle :

$$F\cos\alpha : \frac{1}{\sin\alpha} = F\sin\alpha\cos\alpha = \frac{F}{2}\sin 2\alpha.$$

Si nous considérons l'action simultanée des deux efforts précédents, nous voyons que les deux forces tangentielles ont même expression $\frac{F}{2}\sin 2\alpha$, mais qu'elles sont dirigées en sens contraire et conséquemment elles s'annulent.

Celles normales auront la sommation suivante :

$$F\cos^2\alpha + F\sin^2\alpha = F.$$

C'est-à-dire :

$$150 \text{ kgr. } \sin^2(\alpha + 10^\circ).$$

Nous allons passer aux calculs numériques.

1° *Pour le vent seul.* — Sur le montant 1-2 nous avons donc une force normale uniformément répartie par mètre courant qui est de :

$$150 \cos^2 10^\circ = 145 \text{ kgr. } 47.$$

Et suivant la direction du montant :

$$75 \sin 20^\circ = 25 \text{ kgr. } 65.$$

En appliquant les résultats obtenus à l'application XVIII nous avons une première série de moments.

$$\begin{aligned} m_1 &= -104{,}243 \times 145{,}47 = -15.164{,}2 \\ m_2 &= +\ \ 28{,}001 \times 145{,}47 = \quad 4.073{,}3 \\ m_3 &= -\ \ 10{,}317 \times 145{,}47 = -\ 1.500{,}8 \\ m_4 &= -\ \ 28{,}119 \times 145{,}47 = -\ 4.090{,}5 \\ m_5 &= +\ \ 49{,}748 \times 145{,}47 = \quad 7.236{,}8. \end{aligned}$$

En ce qui concerne l'effort normal au rampant 2-3 et qui a pour valeur :

$$150 \text{ kg. } \sin^2(\alpha + 10^\circ) = 17 \text{ kgr. } 89$$

nous prions le lecteur de se reporter à l'application XVI où ce problème a été étudié pour une charge q, et pour laquelle nous avons trouvé les moments :

$$\begin{aligned} M_1 &= \quad 5{,}677\, q \\ M_2 &= -11{,}353\, q \\ M_3 &= -12{,}450\, q \\ M_4 &= \quad 3.098\, q \\ M_5 &= -\ 1{,}549\, q \end{aligned}$$

Les réactions des broches fictives ont été calculées et ont pour valeur :

$$F_2 = 0{,}831\, q, \quad F'_2 = 7{,}549\, q, \quad F_3 = 7{,}692\, q,$$
$$F'_3 = 1{,}020\, q \text{ et } F'_4 = 0{,}226\, q.$$

Pour passer au cadre à appuis mobiles, nous devons prendre les forces d'entraînement ramenées aux sommes 2 et 4 et qui sont pour le sommet 2 :

$$\begin{aligned} &F_2 = && 0{,}831\, q \\ &7{,}549 \sin\alpha && +1{,}337\, q \\ &\left.\begin{matrix} \dfrac{1.020}{\sin 2\alpha} \\ \dfrac{7.692}{+92\alpha} \end{matrix}\right\} \cos\alpha && -23{,}226\, q \end{aligned}$$

donnant un total de : $-21{,}058\, q$.

(nous avons enlevé la force φ_1 provenant de la décomposition de p qui était une force verticale et non normale au rampant comme q).

Nous avons, pour cette réaction changée de signe, les moments.

$$\begin{aligned} m'_1 &= \quad 6,4382 \times 21,058 = \quad 135,575 \\ m'_2 &= -4,5982 \times 21,058 = -\ 96,606 \\ m'_3 &= \quad 0,7546 \times 21,058 = \quad 15,894 \\ m'_4 &= \quad 3,6158 \times 21,058 = \quad 76,141 \\ m'_5 &= \quad 5,8472 \times 21,058 = -123,130 \end{aligned}$$

Pour la force 28,814 q que nous prenons telle qu'elle

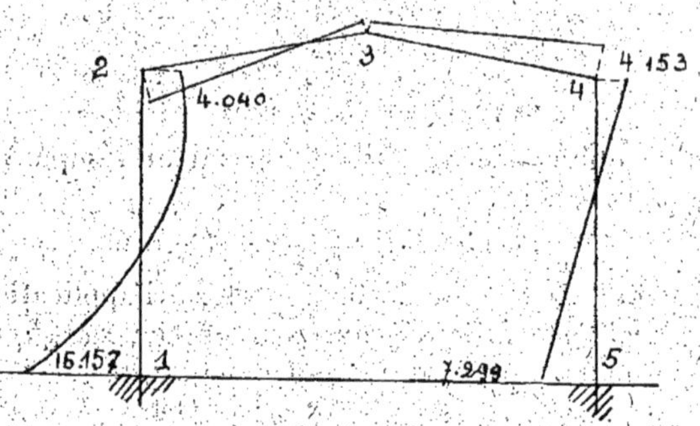

Fig. 122.

figure à l'application XVI, nous avons obtenu une série de moments que nous recopions :

$$m''_1 = -145,092\,q \qquad m''_2 = 89,722\,q$$
$$m''_3 = 18,724\,q \qquad m''_4 = 114,099\,q$$
$$m''_5 = -159,758\,q.$$

Ajoutons ces moments à ceux de la construction à appuis fixes nous obtenons :

$$\begin{aligned} M''_1 &= [\quad 5,677 + 135,575 - 145,092]\,q = -\ 3,840\,q \\ M''_2 &= [-11,353 - 96,606 + 89,722]\,q = -18,237\,q \\ M''_3 &= [-12,450 + 15,894 + 18,724]\,q = \quad 22,168\,q \\ M''_4 &= [\quad 3,098 + 76,141 - 114,099]\,q = -34,860\,q \\ M''_5 &= [-\ 1,549 - 123,130 + 159,758]\,q = \quad 35,080\,q \end{aligned}$$

Ce qui nous donnera en kilogrammes mètres :

$$Mr_1 = -\ 3,840 \times 17,89 = -\ 7$$
$$Mr_2 = -18,237 \times 17,89 = -33$$

$$Mr_3 = \quad 22{,}168 \times 17{,}89 = \quad 40$$
$$Mr_4 = -34{,}860 \times 17{,}89 = -62$$
$$Mr_5 = \quad 35{,}080 \times 17{,}89 = \quad 62$$

Finalement nous obtenons pour l'action du vent (fig. 122) :

$$M_1 = -15.164 - 7 = -15.157 \text{ kilog. mètres}$$
$$M_2 = \quad 4.073 - 33 = \quad 4.040 \quad —$$
$$M_3 = - 1.501 + 40 = - 1.461 \quad —$$
$$M_4 = - 4.091 - 62 = - 4.153 \quad —$$
$$M_5 = \quad 7.236 + 62 = \quad 7.298 \quad —$$

Ce qui montre que l'influence du vent sur une toiture de 0 m. 180 d'inclinaison par mètre est insignifiante par

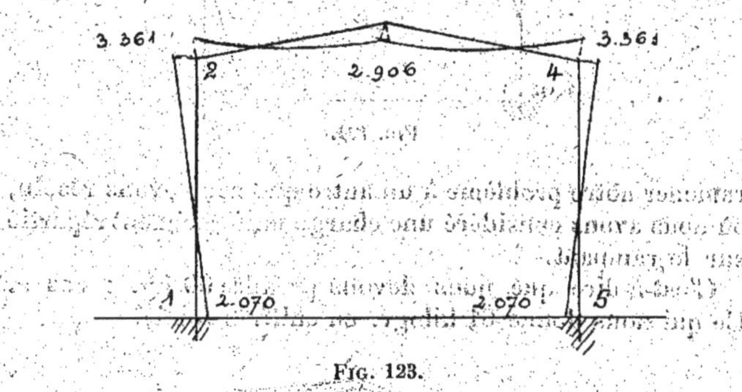

Fig. 123.

rapport à son action sur les parois verticales limitant la construction.

Nous avons donc déjà M_1 qui était une inconnue de notre problème.

La réaction horizontale à l'appui 1 aura pour expression

$$H_1 = \frac{ql}{2} + \frac{M_2 - M_1}{h} = \frac{145{,}47 \times 2{,}50}{2} + \frac{4{,}040 + 15{,}158}{20{,}5}$$
$$= 1.585 \text{ kgs.}$$

Pour la réaction verticale nous écrirons l'expression du moment au point 5 de la façon suivante :

$$M_1 + V_1 \times 30 + \frac{145{,}47 \times 20{,}5^2}{2} - 15{,}24 \times 17{,}89 \times 18{,}20 = M_5$$

d'où V_1 en remplaçant M_1 et M_5, par leurs valeurs précédemment trouvées et où 18 m. 20 est mesuré à l'échelle :

$$V_1 = -105 \text{ kgs.}$$

2° *Neige seule.* — En ce qui concerne la neige nous avons 60 kilog. par mètre carré de surface couverte. Nous devons prendre la charge agissante sur le rampant pour

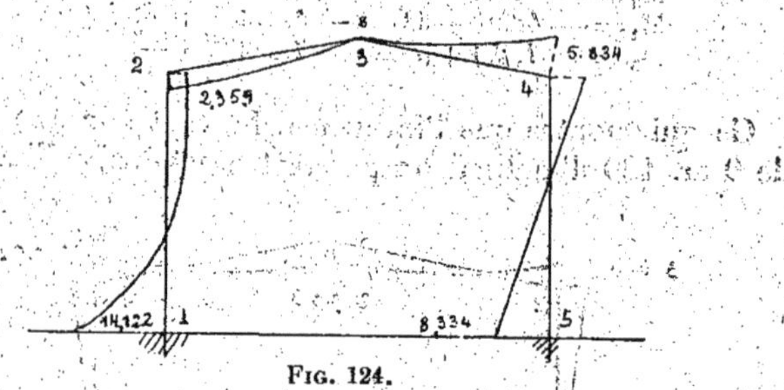

Fig. 124.

ramener notre problème à un autre que nous avons résolu, où nous avons considéré une charge uniformément répartie sur le rampant.

C'est-à-dire que nous devons prendre 60 kg. : cos α. Ce qui nous donne 61 kilogr. en chiffres ronds.

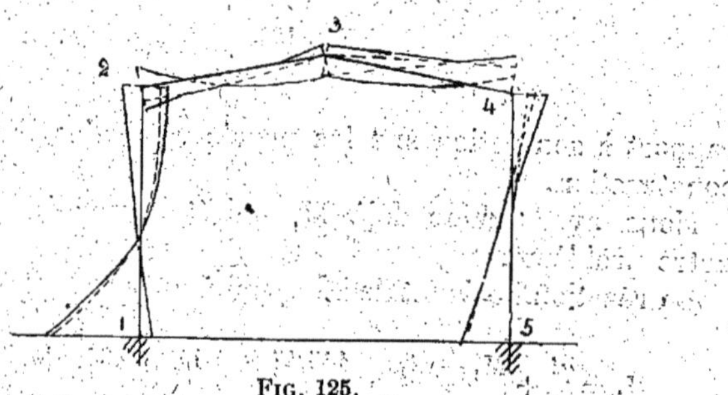

Fig. 125.

Les moments sont donc en appliquant les formules de l'application XVI (fig. 123).

$M_1 = \quad 32,29 \times 61 = \quad 2.070$ kilog. mètres
$M_2 = -55,09 \times 61 = -3.361$ —
$M_3 = \quad 47,64 \times 61 = \quad 2.906$ —
$M_4 = -55,09 \times 61 = -3.361$ —
$M_5 = \quad 32,29 \times 61 = \quad 2.070$ —

La réaction horizontale à l'appui 1 provenant de cette charge est :

$$H_1 = \frac{M_2 - M_1}{20,50} = -\frac{3.361 + 2.070}{20,50} = -265 \text{ kgs.}$$

La réaction verticale est par raison de symétrie.

$$V_1 = 60 \times 15 = +900 \text{ kgs.}$$

3° *Vent et Neige.* — Pour l'action simultanée de la neige et du vent, nous aurons en prenant 30 kgs pour la neige, ainsi que l'impose le règlement (fig. 124).

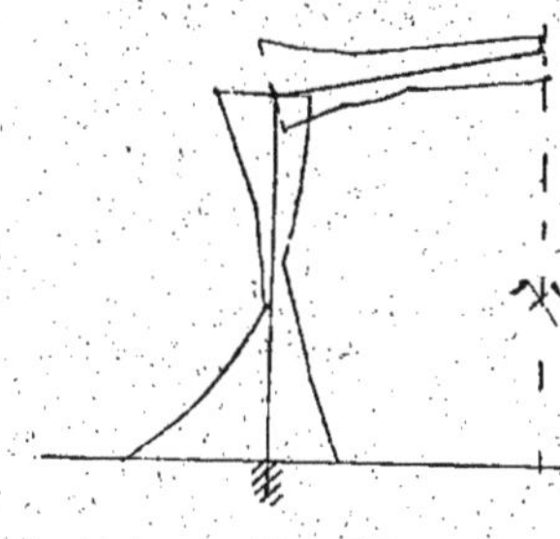

Fig. 126.

$M_1 = -$	$15.157 + 1.035 =$	-14.122	kilog. mètres
$M_2 =$	$4.040 - 1.681 =$	2.359	—
$M_3 = -$	$1.461 + 1.453 = -$	8	—
$M_4 = -$	$4.153 - 1.681 = -$	5.834	—
$M_5 = -$	$7.299 + 1.035 =$	8.334	—

Comme réaction horizontale en 1 :

$$H_1 = 1.585 - 133 = 1.452 \text{ kgs.}$$

et réaction verticale :

$$V_1 = -105 + 450 = 345 \text{ kgs.}$$

De ces résultats il faut conclure que pour vérifier les dimensions d'une construction en tenant compte de l'influence du vent et de la neige, il est nécessaire de faire une épure de l'enveloppe des moments analogue à celle de notre figure 126.

Comme nous l'avons dit précédemment, tous les résultats obtenus correspondent à une bande de 1 mètre de largeur; pour avoir les valeurs nécessaires aux calculs définitifs à une ferme donnée du bâtiment, il n'y aura qu'à les multiplier par la longueur de la travée qui lui est afférente.

Auguste Liévin.

TABLE DES MATIÈRES

A. — CONSTRUCTIONS A ÉLÉMENTS RECTILIGNES ORTHOGONAUX CHARGÉES SYMÉTRIQUEMENT

Cadres rectilignes à deux appuis.

5469. — Tours, Imprimerie E. Arrault et Cie.

www.ingramcontent.com/pod-product-compliance
Ingram Content Group UK Ltd.
Pitfield, Milton Keynes, MK11 3LW, UK
UKHW022113260726
13993UKWH00001B/484

9 782329 208374